老人言里的智慧和

教养

军 平◎编著

中国出版集团

中译出版社

图书在版编目（CIP）数据

老人言里的智慧和教养 / 军平编著 . -- 北京 : 中译出版社，2024.6
ISBN 978-7-5001-7912-2

Ⅰ . ①老… Ⅱ . ①军… Ⅲ . ①人生哲学 – 青少年读物
Ⅳ . ① B821-49

中国国家版本馆 CIP 数据核字 (2024) 第 101318 号

老人言里的智慧和教养

LAORENYAN LI DE ZHIHUI HE JIAOYANG

出版发行：中译出版社
地　　址：北京市西城区新街口外大街 28 号普天德胜大厦主楼 4 层
电　　话：010-68002876
邮　　编：100088
电子邮箱：book@ctph.com.cn
网　　址：www.ctph.com.cn

责任编辑：张旭

印　　厂：大厂回族自治县益利印刷有限公司
规　　格：710 毫米 ×1000 毫米　1/16
印　　张：11
字　　数：96 千字
版　　次：2024 年 6 月　第 1 版
印　　次：2024 年 6 月　第 1 次

ISBN　978-7-5001-7912-2　　　　定价：58.00 元

序言

老人言里的智慧和教养能够启发我们反思人生，学习如何更好地生活。

中华民族在漫长的历史中积累了许多宝贵的经验和深刻的见解。古人的言语中往往蕴含着世代传承的智慧，能够指引年轻一代避免许多生活的陷阱和误区，同时也展现了他们深厚的教养和对生活独到的理解。

《老人言里的智慧和教养》让不同身份、职业、年龄的古人齐聚一堂，轮番讲述着自己的人生经验，使我们受益无穷。"失之毫厘，差之千里""当局者迷，旁观者清""螳螂捕蝉，黄雀在后"……这些都是前人智慧的结晶。本书精心挑选了42句经典老人言，孩子细细阅读之后，一定会有所收获。

古人的智慧源自他们对生活的深刻洞察。这种洞察来自于多年的生活经验和对事物本质的把握。比如，他们在谈及人际关系时，常能简洁明了地指出处世之道——"己所不欲勿施于人"。他们的建议往往能帮助我们在复杂的社会环境中找到自己的位置。他们通过自身的经历，教导我们如何在逆境中保持坚韧不拔，如何在顺境中保持谦逊和自省。

老人的教养体现在他们言传身教的过程中——在"人无信不立"一文中他们通过自己的行为和对话，展示了如何尊重、理解和宽容他人。

《老人言里的智慧和教养》从中国古代名言、俗语出发，深入探讨老人智慧与教养的各个方面，从他们的生活经验、处世哲学，到他们如何通过言行传递教养和智慧。我们通过古今具体的例子和故事，展示这些智慧如何跨越时间和空间，对现代社会依然产生深远的影响。这不仅仅是对过去的回顾，更是对未来的启迪。在这个信息化、全球化迅速发展的时代，老人的智慧和教养提供了一种平衡的视角，帮助我们在快速变化的世界中保持人性的光辉和道德的准绳。

钱财如粪土，仁义值千金

【注释】

仁义：儒家文化中含义极广的道德范畴，包括仁爱、谦恭、信义等。

值：价值。

【译文】

钱财像粪土一般一文不值，仁义道德却比千两黄金更为珍贵。

今文品读

金钱可以给人带来物质上的享受，却不能带来真正的幸福和快乐。相比之下，仁义道德才能令人获得幸福感和满足感。我们应该正确地看待金钱，不要过分追求财富，并且注重培养良好的品德。

仁义

战国时期，齐国孟尝君有一门客冯谖（xuān）。有一次，孟尝君派遣冯谖去薛地收取债务。冯谖在离开之前，他问孟尝君收完债务后是否需要买些什么东西。孟尝君随口回答说，看家里缺什么就买什么。冯谖来到薛地后，召集了所有欠债人，核对了账目。然后，他假借孟尝君的名义，宣布免除所有的债务，并当面烧毁了债条。百姓们非常感激，纷纷欢呼万岁。随后，冯谖返回齐国，第二天一大早就去求见孟尝君。孟尝君惊讶地发现他回来得这么快，半信半疑地问债务是否都收取完毕。冯谖肯定地回答说是的。然后，孟尝君问他带了什么东西回来。冯谖回答说，考虑到孟尝君家中已经拥有珍宝、牛马，缺少的只是"义"。因此，他为孟尝君买了"义"回来。孟尝君听完后心情不好，只能无奈地说"算了吧"。

一年后，由于孟尝君失宠于齐湣（mǐn）王而被赶出国都，他不得不返回薛地。孟尝君的车子还在距薛地上百里远时，薛地的百姓就已经扶老携幼夹道相迎了。孟尝君感慨万分，回过头对冯谖说，他终于看到了冯谖为他所买的"义"。

故事启迪

　　冯谖烧掉借据，用这种方式表达孟尝君的宽容和仁义。后来，孟尝君被贬回薛地时，当地百姓纷纷前来迎接孟尝君，以表达他们对孟尝君的敬爱和支持。这个故事告诉我们，仁义的价值远远超过金钱，正直和仁义的行为才能赢得他人的尊重。

你去收债吧，看家里缺什么就顺路买一点回来。
我知道了。
我已经把你们的债条烧了。
我们会记住大人的恩情的。
你收的债呢？买的东西呢？
我买了“义”回来。
大人家已经什么都不缺了。
我的钱啊，呜呜，罢了罢了。

成长讨论群

……

我今天捡到了一个钱包，我打开一看里面塞得满满的都是钱。😀

？？？

你可不能把钱据为己有啊，这样做是不对的，我们要拾金不昧。

钱财如粪土，仁义值千金。这可是我人生中的"重大抉择"！再来一万次，我也会将钱包还给失主！你们快帮我想想办法。

这简单，我们写一张失物招领启事，贴在学校的宣传栏里吧。这样丢钱包的人就会看到了。

实用小贴士

如果在路上捡到钱包，我们可以这样做：1.检查一下钱包里的物品，看看是否有身份证等以便找到失主并归还钱包。2.及时告知老师、父母或警察，让他们帮助我们找到失主。3.保管好钱包，直到找到失主。

精诚所至，金石为开

【注释】

精诚：至诚，诚心。

金：金属。

【译文】

如果诚心诚意，金石也会因此开裂。

今文品读

诚心是指真实、真诚的心意和态度。这意味着我们应该真实地对待他人，不说谎、不欺骗，做到言行一致。当我们用真心对待他人时，就能够建立起良好的人际关系，赢得他人的信任和尊重。

其次，这句话也强调了诚心的力量。无论是学习知识还是培养技能，只有真诚地投入，才能够获得真正的成果。

　　李广是汉朝著名的将军，有"飞将军"之称，射技十分高超。为了发挥弓箭最大的威力，李广从小就苦练臂力。经过很长一段时间的训练，李广的射箭技术到了十中八九的水平。然而此后，李广的技艺始终无法精进，这让他十分苦恼。直到某次练习的时候，李广顿悟！后来在历次战斗中，李广勇猛杀敌，屡立战功。汉武帝时，李广为右北平太守。当时这一带常有老虎出没，危害人民。出于为民除害的目的，李广经常带兵出猎。

　　一日，李广狩猎回来已是夜幕降临时分，月色朦胧。这里怪石林立，荆棘丛生，蒿草随风摇曳，唰唰作响。行走间，李广突然发现草丛中有一黑影，形如虎，似动非动。这时，李广让士兵闪过，拉弓搭箭，只听"嗖"的一声，正中猎物，于是策马上前察看，当他正要搜取猎物时，不觉大吃一惊，原来所射并非一虎，而是虎形巨石。仔细一看，箭羽已经没入石头。这时众随从也围拢过来观看，均赞叹不已。事后，当地百姓闻听此事更加敬慕李广，匈奴也因此闻风丧胆，多年不敢入侵。

故事启迪

　　当陷入技艺无法精进的困境时，李广意识到，只有用心感受，才能有所突破。正因为他秉持着真诚的态度，再加上持续不断地训练，才成为赫赫有名的"飞将军"，威名传遍匈奴，令他们闻风丧胆。这也提醒我们，应该真诚地对待每一件事情。

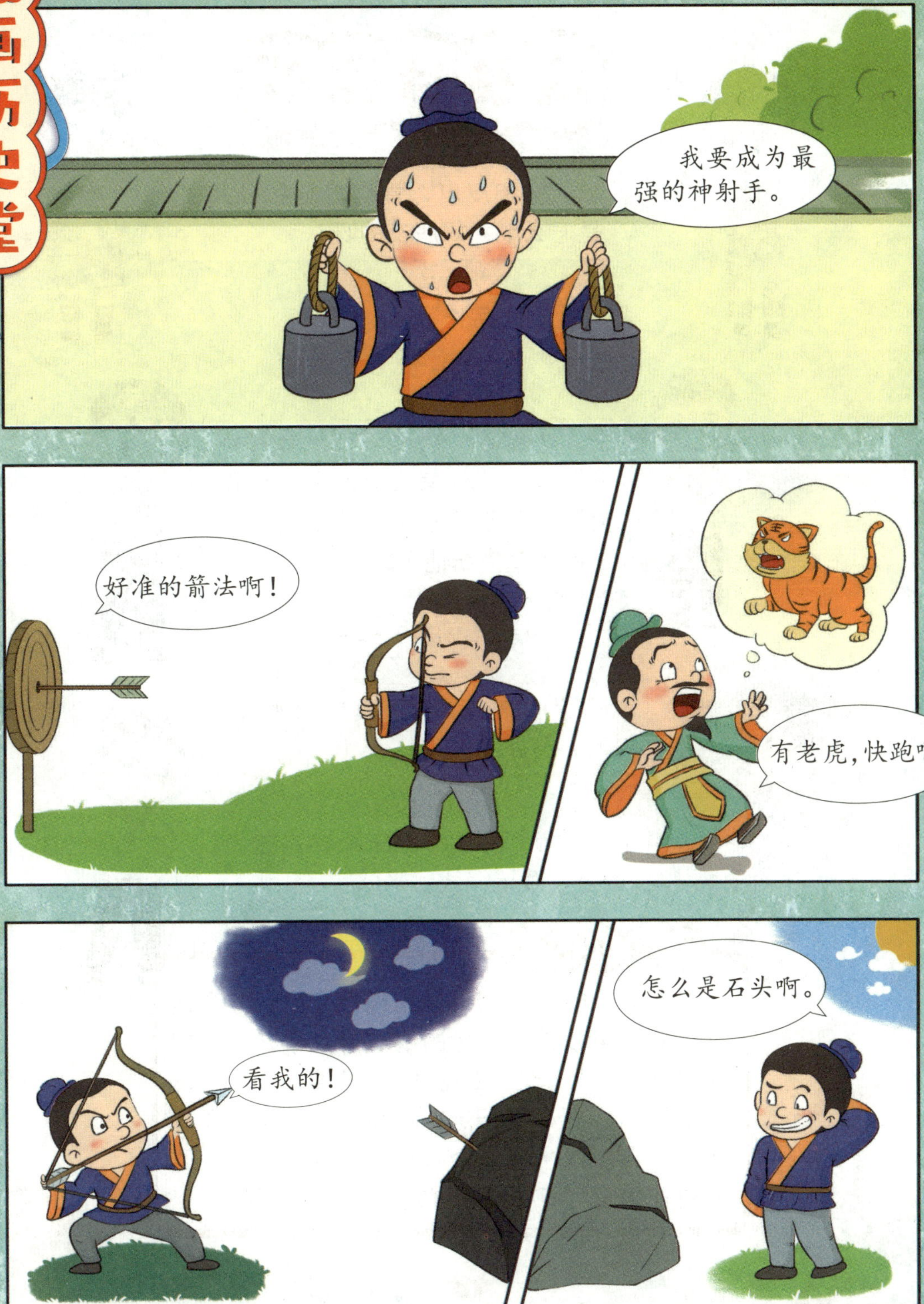
我要成为最
强的神射手。
好准的箭法啊！
有老虎，快跑啊。
看我的！
怎么是石头啊。

成长讨论群

你和皮皮，性格差别那么大，是怎么成为好朋友的呀？

那可就说来话长了。

全靠我"精诚所至，金石为开"呗！佐佐怎么可能主动和我交朋友？那天那么大的雨我把唯一的雨伞借给他了

哈哈！皮皮，你可真是死缠烂打啊！

不过下雨天还是不要出去的好，我记得我后来感冒了。

实用小贴士

下雨天时，我们可以这样做：1.穿戴合适的雨具。可以选择亮色的雨衣或雨伞，以增加可见性，确保安全。2.注意行走安全。雨天时，地面湿滑，要小心行走，避免摔倒。3.不要在雨中久待。雨水可能含有细菌和污染物，长时间待在雨中可能导致感冒或其他健康问题。

若登高必自卑

【注释】

卑：低处。

【译文】

想要登高一定要从低处开始。

今文品读

　　成功是一个渐进的过程，需要靠一步步的努力去实现。并且，在这个过程中不能急于求成，要有耐心。

　　与此同时，遇到困难时，我们不能退缩，而是要勇敢地面对，相信自己能够克服困难，取得成功。只有这样，才能够登上更高的山，看到更远的风景！

战国时期，赵国出了一位"军事天才"——赵括，他年纪轻轻便熟读兵法，连他的父亲——赵国大将赵奢，谈论起用兵打仗时，都不是赵括的对手。赵括因此沾沾自喜，自以为用兵如神，天下无敌。然而赵奢却十分担忧，认为赵括不适合领兵打仗。公元前259年，秦军大举进攻赵国。赵国大将廉颇坚守多日，秦军始终无法前进半步。然而秦军很快就想到了对策，他们散布消息说：秦军什么都不怕，只怕赵括做将军。赵王听到消息后，立刻换下廉颇，派赵括前去统领赵军。经过秦军的这番吹捧，赵括更加目中无人了，他一上任就废弃了廉颇之前坚守不出的策略。赵括把手下部将的意见都当耳边风。秦军知道击败赵军的时机已到，于是假意战败，引诱赵括领兵深入追击。赵括果然中计，他领着一队人马直追到一处树林附近。谁知，树林中突然冲出了大量秦军，赵括这才醒悟过来——自己中计了。然而为时已晚，赵括在这一役中被杀，数十万赵军也被击溃，赵国从此一蹶不振。

故事启迪

赵括虽然年轻有才华，但只是纸上谈兵，缺乏实践经验。最终，他的傲慢和轻敌导致了战争失败和赵国的衰落。我们应该从小培养脚踏实地的品格，尊重他人的意见，并不断地努力，提升自己的能力。

《孙子兵法》上说："攻其无备，出其不意。"比起讨论兵法，谁也比不上我。

放箭！

将军还是让我来吧！

这和书上写的可不一样啊！

成长讨论群

哈哈，皮皮你怎么还不如妮妮爬山爬得快。

什么叫还不如我，我很快的。

早知道我就不偷懒休息了。我以为时间够，就又吃冰激凌又休息的。

别找借口，输了就是输了，谁让你轻敌大意的。

若登高必自卑，若涉远必自迩（ěr）。这个道理你不懂吗？

下次我一定不会输给你。

实用小贴士

去爬山时，我们需要记住：1.根据自己的体力和经验选择合适的爬山路线，以确保安全可靠。2.穿透气舒适的服装和鞋子。3.确保带上必需的物品，如水、食物、急救包、防晒用品、太阳镜等。4.爱护自然环境，不乱扔垃圾，不破坏植被和动物栖息地。

天下兴亡，匹夫有责

【注释】

兴：兴旺，兴盛。

匹夫：一个人，泛指平凡人。

【译文】

天下的兴旺与灭亡，每个人都有义不容辞的责任。

今文品读

这句谚语告诉我们每个人都有责任为社会的兴旺和繁荣做出贡献。即使我们现在只是普通的学生，也可以通过积极学习、努力成长，为未来的社会做出贡献。

其次，它提醒我们每个人的力量都是重要的。虽然我们还没有走入社会，但我们也可以关心社会的发展问题。我们可以通过参与公益活动、保护环境、热爱科学等方式，为社会的进步和发展贡献自己的力量。

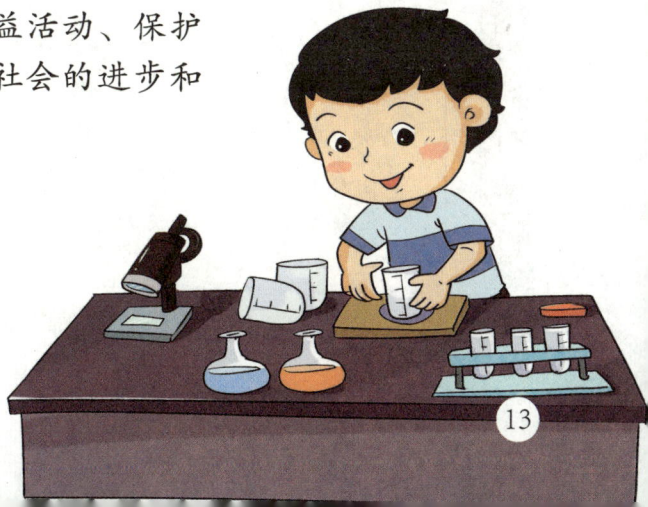

马援是东汉初年著名的"伏波将军"，他年轻时立下志向，要报效国家。马援曾说："男儿要当死于边野，以马革裹尸还葬耳。"

建武二十四年（公元48年），大汉边境告急。此时的马援已经年老，他得知这一消息，马上向皇帝请战，要求出征。但是皇帝拒绝了他，马援知道大家认为自己年事已高，于是纵身上马，雄姿不减当年。

因此，皇帝同意了马援的请求。启程时，马援与前来送别的亲友告别。

一开始，马援率领大军节节获胜。等到大军驻扎于下隽（古县名，治所在今湖北通城西北），马援却选择了从虽然路途近但山高水险的壶头（山名，在今湖南沅陵县东北）进击，汉军的船只难以前进。又恰逢酷暑，好多士兵患病身亡。马援也不幸患了重病，但他仍坚持每日处理大量军务，并时常拖着病躯去察看敌情，手下将士都被他的精神所感动。

最终，马援不幸病死军中，实现了自己"马革裹尸"的宏愿。

故事启迪

马援将军是一个勇敢而忠诚的人。他立下志向要报效国家，在年老之后仍然请求出征，要为大汉江山而战，最终马革裹尸，壮烈牺牲。

我们也应该对自己负责，努力学习，热爱祖国，为家庭和社会做出贡献。

将士们随我上阵杀敌。

男子汉应该战死沙场，用马皮包裹着尸身下葬。

马援将军真是英明神武啊。

将军年事已高。

现在大军压境，臣想去。

成长讨论群

哎呀，下雨了，我们赶紧回家吧。

雨下得真大啊。

等一下，国旗还在外面呢！老师曾经说过，国旗代表着国家主权，象征着国家尊严……

事不宜迟，那我们快去把国旗收起来吧！皮皮快来搭把手……

等等我，你们快拿把伞，不然会感冒的！

实用小贴士

在观看升旗仪式时，我们应该这样做：1.保持安静，不要打闹或说话，以免干扰其他观众或仪式进行。2.穿着整洁、整齐的服装，最好选择校服或正式服装。3.服从现场工作人员的指挥，按照规定的程序观看。

千经万典，孝义为先

【注释】

经：经书。

典：典籍。

【译文】

在千万种经书和典籍中，孝顺父母与践行仁义都摆在首位。

今文品读

孝顺父母是一种美德。父母给予我们生命和爱，无私地为我们付出。我们应该尊敬父母，听从他们的教诲，关心他们的身体健康，帮助他们分担家务。这样做不仅能够表达我们对父母的爱和感激，也能够培养我们的责任感和家庭观念。

其次，践行仁义也是非常重要的。仁义是指关心他人、乐于助人、尊重他人的道德准则。我们可以从身边的小事做起，比如帮助同学、友善待人、关心弱势群体等。

子路，孔子的学生之一。小时候，他家里特别穷，恰好又遇上了难得一遇的旱灾。

子路只好跟在父母身后，外出挖野菜充饥。过了几年，子路长大了，家里还是穷得揭不开锅，他决定外出打工。子路每次拿到工钱后，都会买一袋白花花的大米，不远百里背回家给父母吃。

父母去世后，子路跟随在孔子左右，潜心苦读。后来子路的学识得到了楚王的欣赏，被聘请到楚国任职。这时的子路相当富有，出入有宝马香车相随，家中的粮米也堆得像山那样高。按理说，现在的子路应该十分开心。然而，在一次吃饭的时候，他哭得不能自已。客人很疑惑，子路便说出了自己流泪的原因："多希望能回到从前，背米给父母吃，可惜这件事已经无法实现了。"

故事启迪

家境贫困时，子路尽力孝顺父母。飞黄腾达之后，子路仍然思念逝去的父母。这告诉我们，无论家境如何，我们都应该尊敬和孝顺父母，关心他们的需求。同时，要珍惜眼前人，不要等到失去了才追悔莫及。

成长讨论群

妮妮，我想给妈妈买双鞋子，你能帮帮我吗？

千经万典，孝义为先。包在我身上！

让我也来帮你参谋一下吧，我也有很多给家人买礼物的经验。

那可就太感谢了！今天我出门的时候看到妈妈的脚后跟都磨破了，所以想给她挑选一双合脚一点的鞋子。

那我们放学一起去吧，你要知道你妈妈鞋子的尺码，放学后你去偷偷量一下，我们楼下等你。

实用小贴士

给别人挑选礼物时，可以这样做：1.在选择礼物前，尽量了解对方的兴趣和喜好。2.礼物的价值不在于价格多少，更重要的是能否表达你的心意。3.可以在礼物中附上一张贺卡或一封信，表达你的祝福。

三思而行，再思可矣

【注释】

　　三思：再三思考。

【译文】

　　凡事应三思而后行，但通常考虑两遍就差不多了。

今文品读

　　我们在日常生活中经常会面临一些选择，比如参加哪个活动、选择什么样的午餐等，在做出选择之前，我们应该考虑各种可能的影响和结果。同时，这句话也提醒我们不要陷入过度思考的困境。

刘备的两个结义兄弟——关羽和张飞，都因为轻视东吴，而惨遭杀害。刘备气急攻心，带领大军，浩浩荡荡地杀往东吴。

抵达两国交界的夷陵后，刘备亲自上前叫阵，东吴将领陆逊坚守不出。由于当时天气炎热，又多次求战不得，刘备只好将大军驻扎在密林中，只留吴班率领小队人马在平地，每日前去叫阵。东吴军见吴班的士兵不多，纷纷向陆逊请战。然而陆逊一眼就看出了这是刘备的诱敌之计，决定依然坚守不出。

如此僵持半年后，蜀军的士气逐渐低落起来。陆逊见状，便派部将淳（chún）于丹发起佯攻，麻痹蜀军。此时，蜀军大将程畿（jī）察觉出不祥的气息，便劝刘备要加强防守，然而此时的刘备已经被仇恨和胜利的喜悦冲昏了头脑。半夜时分，江上吹来大风，蜀军左右两侧的营寨燃起了熊熊大火，并迅速蔓延。大批东吴军趁机冲进蜀军营寨，吓得蜀军肝胆俱裂。张苞和傅肜（róng）两位大将浴血奋战，护卫刘备杀出重围，逃往了白帝城。经此一战，蜀军的精锐损失殆尽，刘备更是懊恼不已，不久后便病逝了。

故事启迪

刘备因仇恨失去了冷静的思考和判断：先是盲目发动战争，进攻东吴，再是战略上的接连失误，在错误的位置安营扎寨。冲动和仇恨让刘备用大半生的心血积累的家底付之一炬，最终导致了蜀军的失败。我们在做决策之前，应该保持冷静，不要被情绪左右，学会三思而行。

为将军们报仇雪恨！

将士们，为将军们报仇！

刘备急于报仇，这个位置可用火攻！

快跑哇，是东吴的奸计！

我对不起将士们啊。

孔明，蜀汉的未来就托付给你了。

23

成长讨论群

妮妮你今天怎么和皮皮吵架啦?

他趁我起来回答问题的时候把我的椅子拉走,害我摔倒了。

皮皮你这也太不应该了,这多危险啊!

是我不好,当时头脑一发热就做了,我应该多想想后果。

这次我就原谅你了,之后做事要多想想后果。

我知道了,我以后再也不会这样了。

实用小贴士

和好朋友吵架后,可以采取以下方法弥补嫌隙:1.尽快向朋友道歉,以取得对方的原谅。2.主动沟通,解释自己生气的理由。3.送一个小小的礼物来表达歉意。4.先压下自己的火气,再和朋友梳理事情的始末。

平生只会量人短，何不回头把自量

【注释】

量：衡量。

【译文】

有的人平时只会议论别人的短处，为什么不回头找找自身的缺点呢？

今文品读

这句话提醒我们应该学会自我反省，认识到自己的不足之处，而不是只批评别人的短处。在每天结束的时候，我们可以花一些时间回顾自己的一天，思考自己的行为是否合适，是否有改进的空间，这样可以帮助我们发现自己的缺点并加以改正。

当别人指出我们的错误或缺点时，我们也要学会接受，并从中吸取教训。

你好胖啊！

陈尧咨是宋朝的官员，他文武双全，尤其是箭术无比精湛。有一次，陈尧咨在自家的园子里练习箭术，射出的箭十中八九。一个卖油老翁在一旁围观，他只是微微地点了点头。

陈尧咨看见卖油老翁的样子，有点不高兴，于是上前询问。卖油老翁说，没有什么了不起的地方，只是手熟了而已。听了卖油老翁的话，陈尧咨十分气愤。只见卖油老翁取出一个葫芦放在地上，然后取出一枚铜钱覆盖在葫芦口上。接着，卖油老翁舀起一勺油，慢慢地倒进葫芦中。油从铜钱中间的孔穿过，而铜钱却没有溅上一滴油。倒完油后，卖油老翁微笑着说："我亦无他，唯手熟尔。"这下子，陈尧咨心服口服，连忙命人送卖油老翁离去。

故事启迪

陈尧咨十分骄傲，认为自己的箭术天下无双，卖油老翁的反应让他十分不悦，因此恼怒的他开始为难卖油老翁。然而卖油老翁通过展示自己倒油的技巧，向陈尧咨传达了两个重要观点：熟能生巧和谦虚谨慎。这启示我们，不要因为自己的成就而自满，要虚心接受他人的评价和建议。

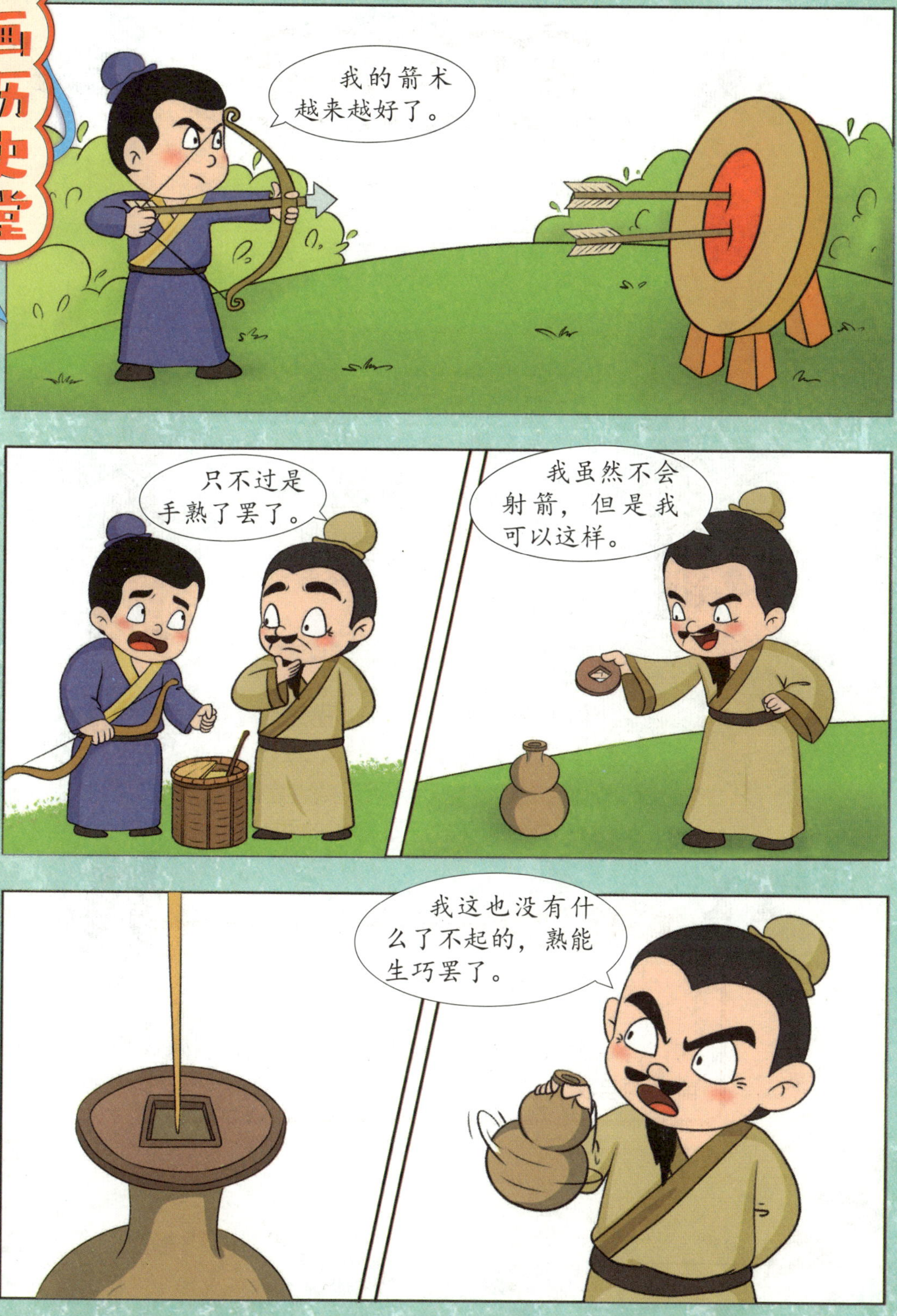
我的箭术越来越好了。
只不过是手熟了罢了。
我虽然不会射箭，但是我可以这样。
我这也没有什么了不起的，熟能生巧罢了。

成长讨论群

皮皮你怎么数学又错这么多？

还笑皮皮呢，你英语试题不也错了很多。

那……那不一样吧，英语和数学怎么能一样呢……

平生只会量人短，何不回头把自量。不能光看我的缺点不看自己的。

你们要多向我学习，我英语数学这次考的都很好。

妮妮！你也有自己不擅长的科目！

实用小贴士

什么是自省？自省要求经常地自我回顾、检查，对自己的思想、心理和行为表现进行总结，肯定优点、长处，找出缺点、不足，明确前进的目标。

青出于蓝而胜于蓝，冰水为之而寒于水

【注释】

青：靛（diàn）青，一种染料。

蓝：蓼（liǎo）蓝，一种草名。

【译文】

靛青是从蓼蓝草中提炼出来的，但比蓼蓝草的颜色还青；冰是由水凝结而成的，但比水更寒冷。

今文品读

"青出于蓝而胜于蓝，冰水为之而寒于水"，源自于《荀子·劝学》，原文是"青，取之于蓝而青于蓝；冰，水为之而寒于水"，常用来比喻学生超过老师，后人超越前人。唐代文学家韩愈在《师说》一文中说，学生不一定不如老师，老师不一定比学生贤能，和这句话的意思很相近。

北魏时期，有个叫李谧（mì）的读书人学习非常用功，也很有学问。有一天，他的老师觉得自己水平不够，就给他推荐了一位更优秀的老师——著名学者孔璠（fán）。经过一番交谈，孔璠觉得李谧很不错，便同意收他做学生。

有一天夜里很晚了，孔璠担心李谧家太远，回去不方便，就留他在自己家过夜。天还没亮的时候，孔璠起来上厕所，看见书房里的灯竟然还亮着。孔璠走近一看，发现李谧仍在认真看书，不禁更喜欢这个学生了。几年后，李谧的学问超过了孔璠，孔璠非常高兴，逢人就夸奖自己的学生。

有时候，孔璠遇到了难题，就去向李谧请教。面对前来请教的老师，李谧感到很不好意思。孔璠耐心安慰李谧，并且丝毫不觉得羞愧。他们的事迹被后人传为佳话。

故事启迪

李谧学习刻苦，拜孔璠为师，最后在学问上超过了老师。孔璠也没有拘泥于老师的身份，虚心向学生请教问题，这样的态度和精神同样值得我们学习。

天色已晚，学生告退了。

太晚了，今天你就住在我家吧。

这孩子真刻苦。

我那学生李谧比我还厉害呢！

有个问题想让你帮我解答一下。

成长讨论群

跳马，将军，这次是我赢了。

没想到，我竟然成了你的手下败将！

别这样，不管怎么说你都是我的老师啊。

这就是"青出于蓝而胜于蓝，冰生于水而寒于水"啊！

别赢我一次就开始得意了，看我下次怎样赢回来！

实用小贴士

　　如何正确看待和应对同学间的竞争呢？1.保持胜不骄、败不馁的心态。在竞争中处于劣势时，不嫉妒他人，而是虚心学习，努力进步；在竞争中处于优势时，不要骄傲，也不嘲笑其他同学。2.在竞争中发展友谊。同学之间的友谊是成长路上的财富，不要去破坏友谊。

自恨枝无叶，莫怨太阳倾

【注释】

　　恨：抱怨。

　　怨：埋怨，怨恨。

　　倾：倾斜，偏心。

【译文】

　　树木只应抱怨自己没有长出枝叶，而不要埋怨太阳偏心。

今文品读

　　在生活中，我们经常抱怨不公平，为什么别人得到的更多？为什么别人得到的东西更好？其实，我们很多时候只看到表面，殊不知，抱怨不仅于事无补，反而会让我们养成怨天尤人的性格，失去前进的动力。

　　不管遇到什么困难或不如意，我们应该首先从自身找原因，想一想，有哪些地方做得不够好，哪方面的能力还不够，该怎样去改善。只有这样，我们才能不断成长。

33

　　战国时有个人叫苏秦，他年轻时游历各个国家，却没有得到各国国君的重用。眼看着吃饭住宿的钱都没了，苏秦只好回家了。家人见苏秦这样可怜兮兮地回来了，都不愿意正眼瞧他。见家人这种态度，苏秦很难过。

　　不过，苏秦很快就振作起来了，他发誓要成就一番事业，凭自己的实力赢得大家的尊重。

　　从那以后，苏秦每天一大早就开始学习，一直到深夜。夜里，苏秦难免犯困，有时候一打盹儿，大半个时辰就过去了。苏秦觉得这样下去不行，他思索再三，想出了一个好办法。这天夜里，苏秦又开始犯困，他拿出事先准备好的锥子，朝自己的大腿刺了一下，顿时清醒了。

　　就这样，苏秦越来越有学识，得到了六国君主的赏识，也赢得了人们的尊重。

故事启迪

　　落魄的苏秦遭到了家人的冷眼，他没有抱怨家人不念亲情，而是主动从自身找原因，并且很快振作起来。此后，他刻苦读书，最终成为一个杰出的人。

漫画历史堂

我想为大王做事。
不行，你学问不够。
不埋怨不懈怠，我要努力，努力，再努力！
念书的时候总犯困，我得想个办法。
这样就可以了，疼痛让我不犯困了。
你现在得到了六国君主的赏识，你好风光啊！

成长讨论群

你是不是有什么话想说啊？

呃……我觉得……老师有点……偏心……

啊？为什么这么说？

老师选你当组长，不选我！

你误会老师啦！老师选组长也是有标准的。我学画画的时间长，而你们才刚开始学。如果你们有什么不明白的，我可以帮助你们……

都怪我太小心眼了。"自恨枝无叶，莫怨太阳倾"，我应该多从自身找原因。

实用小贴士

当和同学之间产生误会时，可以通过以下这些方式来化解：1.当面说清楚，消除误会。这是最简捷、最直接的方法。2.通过书信等方式，给同学写一封信，或留一张小纸条，既避免了尴尬，又能解决问题。3.通过中间人来沟通，请知情的同学或老师来帮忙解释。

书到用时方恨少，事非经过不知难

【注释】

恨：悔恨，懊悔。

经过：经历。

【译文】

到了实际要应用的时候，才懊悔书读得太少；没有亲身经历过的事情，就不知道它的艰难。

今文品读

俗话说，"知行合一"。我们既要努力学习，尽可能学习更多的知识，这样在有需要的时候才不会感叹"书到用时方恨少"；同时，我们也要把学到的知识运用到实践中，去解决具体的问题。

只读书而不实践，就会成为纸上谈兵的书呆子，于人于己是没有太大用处的；只实践而不读书，就会像无头的苍蝇一样乱打乱撞，没有知识作为基础的实践注定是很难成功的。

清代有个人叫刘羽冲。据说，他性格孤僻，不爱与人打交道，整天研究古代的制度和典籍。

有一次，刘羽冲偶然得到了一部古代的兵书，他如获至宝。他拿着这本书苦读了整整一年，觉得自己深谙带兵打仗之道，可以说得上是个有谋略有勇气的将领了。恰巧这个时候乡里出现了土匪，刘羽冲就主动训练起乡兵来。可当他带领乡兵与土匪作战时，不仅全队覆灭，就连他自己都差点被土匪捉去。

又有一次，刘羽冲得到了一部古代的水利书。他拿着这本书苦读了整整一年，觉得自己有能力使荒地变沃土，让旱地变水田。刘羽冲自信满满地画了一张水利改造地图，希望可以得到州官的认可。州官听信了刘羽冲的话，果真把村落水利改造计划交给了他。可是没想到，水渠刚造好就遇上了洪水。洪水顺着水渠灌进来，把村子都淹了。

刘羽冲从此郁郁寡欢，每天都独自一人在庭阶前散步，边走边喃喃自语："古人怎么能骗我呢？书上说的都是假的！"

故事启迪

古人真的有欺骗刘羽冲吗？当然没有，因为情况是不断改变的，过去的经验也许并不适合现在。而刘羽冲只会从书本中照搬一些知识，不懂得灵活运用于实际之中，所以才会接二连三地发生悲剧啊！孟子言："尽信书，不如无书。"我们也是如此，看书虽好，但是也要懂得思辨哦。

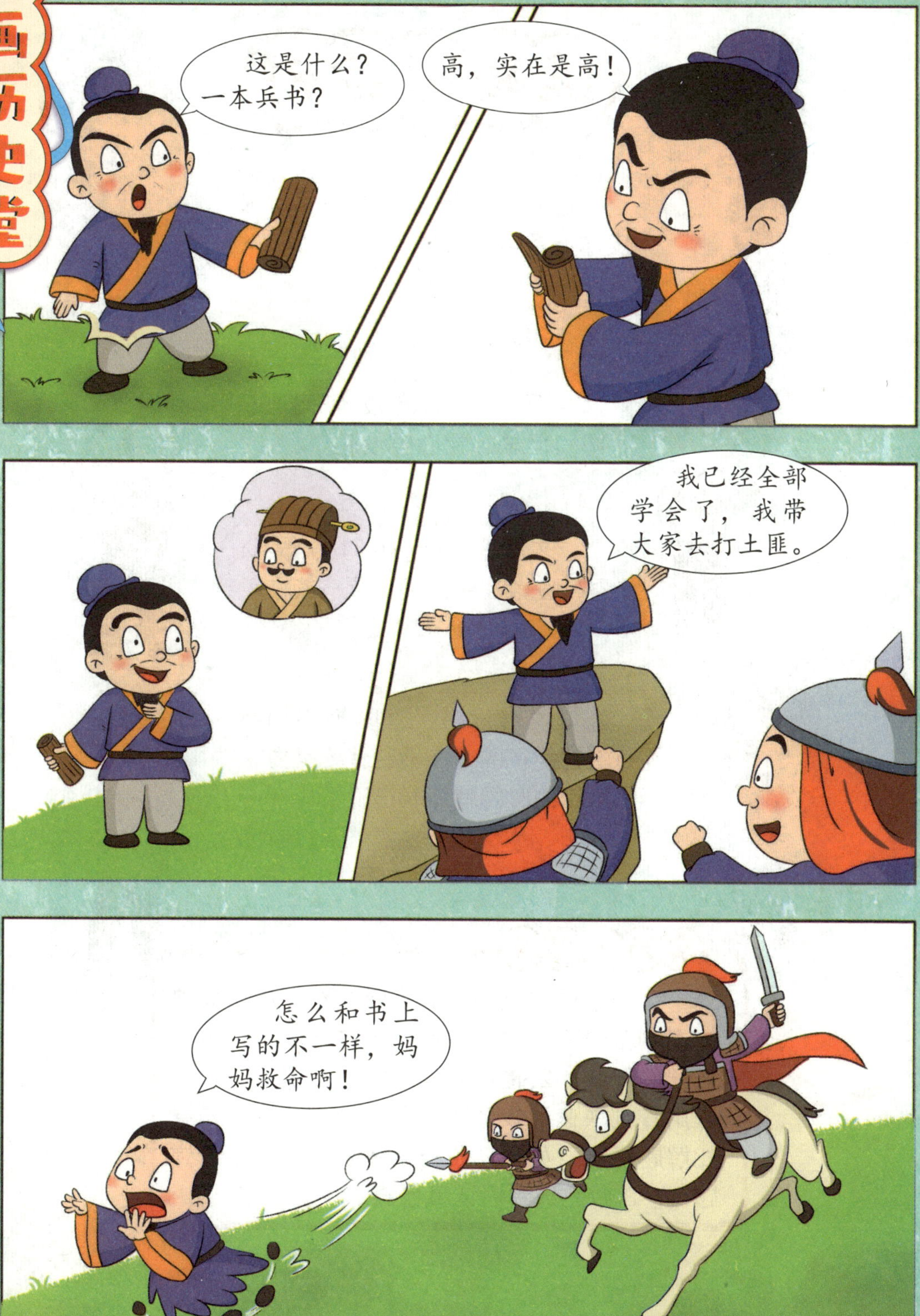

这是什么？一本兵书？
高，实在是高！
我已经全部学会了，我带大家去打土匪。
怎么和书上写的不一样，妈妈救命啊！

成长讨论群

过几天就是知识竞赛了。皮皮你准备得怎么样了？

呃……应该没有问题吧。但总感觉心里没底。

这就是书到用时方恨少啊！应该在平时多积累一点。

佐佐说得没错，临时抱佛脚不是每次都能行的。在平时就要努力，不然到用的时候就为时已晚了！

我明白了。

实用小贴士

参加考试的技巧：1.拿到试卷之后，先总体上浏览一下，大致估计一下试卷中每部分应分配的时间。2.碰到难题不知怎么解答时，可以用直觉快速寻找解题思路，或者用联想法寻找解题思路，如果还不行，就赶紧进行下一道题目。3.做完试卷后认真检查。

求人不如求己

【译文】

请求别人给予帮助，不如自己努力。

今文品读

著名教育家陶行知有一首《自立歌》，里面写道："滴自己的汗，吃自己的饭，自己的事自己干。靠人、靠天、靠祖上，不算是好汉！"的确，我们每个人都要自立，自己的事情自己做，只有这样，才能不断进步。当然，如果确实有困难，也可以向别人寻求帮助，但要注意吸取经验，这样当下次遇到类似的问题时就游刃有余了。

韩信是秦末汉初的名将，他年轻的时候生活很贫困，经常连饭都吃不上。为了填饱肚子，他只能厚着脸皮到别人家讨吃的。韩信总是到别人家蹭饭，时间一长，大家都躲着他。

一气之下，韩信来到河边，决定钓鱼来填饱肚子。可是，钓鱼并没有那么容易，一连几天过去了，韩信也没钓到几条鱼。

河边有一群洗衣服的老婆婆，其中有一个老婆婆见韩信可怜，就把自己带来的饭给他吃。接下来的几十天里，这个洗衣服的老婆婆每天都带饭来给韩信吃，韩信十分感激她，并表示将来一定会报答她。

没想到老人听了很不开心，表示自己帮助韩信并不是为了回报，只是可怜他一个大男人连饭都没的吃。听了老人的话，韩信无比惭愧，下定决心要靠自己的本事做出一番事业来。

后来，韩信协助刘邦建立了汉朝，成了一个有用的人。回到家乡后，他还不忘感谢当初帮助过自己的人。

故事启迪

年轻时的韩信穷困潦倒，连最基本的吃饭问题都要靠别人。在洗衣服的老婆婆的感染和影响下，韩信决定靠自己的本身做出一番大事业，最后他真的成为一个很优秀的人。

正所谓"求人不如求己"，一味地求人只能招致别人的厌烦，更得不到别人的尊重。

好饿啊!

鱼儿鱼儿快上钩。

以后我一定会报答您!

我不求你的回报,靠人不如靠自己。

你是靠自己的努力得到了成功。

感谢您当时的饭和指点。

43

成长讨论群

妮妮，把水杯递给我一下。

等一下啊，我现在在忙！

使口不如自走，求人不如求己。佐佐你自己去拿呗。

哎呀，这个道理我也知道，但是我昨天踢球的时候把脚崴（wǎi）了。

好了好了，来，给你水。脚崴了还是别乱动了，不然会伤得更严重。

自己有困难的时候求助也是很好的选择。

实用小贴士

崴脚后应该怎么处理？受伤第一时间的处理方法：对受伤的踝关节进行加压、冰敷、抬高以及休息，以控制踝关节的红、肿、胀等症状。

知者顺时而谋，愚者逆理而动

【注释】

知：同"智"，智慧。

顺时：顺应时局，顺应时势。

谋：谋划，制订计划。

【译文】

有智慧的人会顺应时局的变化来制订计划，而愚蠢的人总是悖逆事理去行动。

今文品读

有智慧的人善于把握时机，为自己创造有利的条件；而愚蠢的人只关注眼前，甚至逆势而动，往往一事无成。

时机对于每个人都是平等的，能否顺应时势，取决于我们是否在知识、品格等方面做好了准备。有准备的人才能认清形势，掌握主动权，借势前行。

纣王是商朝的最后一个君王。他整天只知道吃喝玩乐，什么事情也不管，百姓都很不满。大臣们纷纷劝说纣王，可纣王完全听不进去。

此时，西边的周部落兴起。部落首领姬发善待百姓，深受百姓的拥戴。姬发很同情百姓，想灭掉商朝，可是辅佐他的姜子牙认为时机还未到。

过了几年，商纣王比先前更昏庸了，很多人都遭了殃。百姓的日子过不下去，不少人起来反抗，可都失败了。姬发再次提议率兵攻打纣王，这次，姜子牙同意了。

姬发发动军队，在牧野这个地方和纣王的军队交战。结果，商朝的很多士兵都怨恨商纣王，临阵倒戈，自愿归顺姬发。

很快，姬发的军队就打败了商纣王的军队。纣王兵败自杀，商朝灭亡了。姬发建立了周朝，仍像先前一样善待百姓，百姓又过上了安宁的日子。

故事启迪

商纣王昏庸无道，大臣们怎么劝说都无济于事，百姓生活在水火之中。姬发善待百姓，顺应民心和时势，最后打败商纣王，建立了周朝，深得百姓的爱戴。

跳得好！

纣王无道，我要去讨伐他。

现在时机到了，大家出兵。

纣王无道，我们自愿归附你。

现在的日子比之前好多了。

成长讨论群

妮妮，你的数学作业做完了吗？

做完了啊。怎么啦？

我有一道题不会做，你帮帮我呗。

嗯，我可以教你……不过，这题其实不难，你要不要自己先想想？

我懒得动脑筋……你直接告诉我答案是什么吧。

给你一个小提示，翻一翻课堂笔记，老师讲过类似的题目。

哈哈，我做出来了，谢谢你。

实用小贴士

随着我们一天天长大，有越来越多的事情需要我们自己去完成。如何成为一个自立的人呢？可以这样做：1.懂得自己做决定。2.自己的事情自己做，不要过于依赖父母、老师或同学。3.找到自己的优势，不断增强自己的能力。

塞翁失马，焉知非福

【注释】

塞翁：住在边塞地区的老人。

失：丢失，失去。

【译文】

丢失了马，怎么知道这不是好事儿呢？指坏事在一定条件下可变为好事。

今文品读

有个成语叫"乐极生悲"，指快乐到了头，便会生出悲哀来；还有个成语叫"否极泰来"，指坏运到了头好运就来了。

生活中，我们会遇到好事，也会遇到不好的事情。遇到好事时，我们要保持冷静，不能得意忘形，比如考了好成绩，应该再接再厉，不能骄傲自满；而遇到不好的事情时，要保持乐观向上的心态，比如考试考差了，我们正好借此发现自己的不足，迎头赶上。

古时候，边塞地区住着一位老人，他家里养了一匹马。有一天，老翁家的马突然不见了，怎么也找不到。邻居们听说了这件事，都来安慰老翁。不料，老翁一点儿也不难过，他觉得这未必是件坏事。邻居们很是不解。

想不到，过了一年，老翁丢失的那匹马自己跑回来了，还带回了一匹可爱的小马驹。邻人们纷纷来道贺。谁知，尽管平白多了一匹马，老人并没有多开心，他觉得这未必是什么好事。

有一次，老翁的儿子从马上摔下来，摔断了腿。邻人们又来安慰老翁。老翁却很平静。过了一段时间，边境地区发生了战争，很多入伍的年轻人死在了战场上。而老翁的儿子因为腿脚不方便而免于应征，结果保住了性命。

故事启迪

家里发生了不好的事情，塞翁却觉得未必是坏事；家里发生了好的事情，塞翁却觉得未必是好事。结果事情真的如塞翁所想的那样，好事可能变成坏事，坏事也可能变成好事。

马儿啊马儿，你究竟在哪里？
你也别太难过了。
恭喜你，马找到了，还带回来了一匹小马驹。
唉，可能也是坏事。
你儿子骑马的时候把腿给摔断了。
说不定是好事呢？
正是因为腿受伤了才躲过了参军。

成长讨论群

昨天我收拾摔碎的杯子碎片的时候，在床下找到了我丢了好久的戒指。

你这也算是塞翁失马啊，如果没有摔坏杯子，戒指不知道什么时候才能找到呢。

那找到戒指就是一件好事吗？没准还藏着什么灾祸呢？

佐佐你快闭上你的乌鸦嘴！要有什么坏事也是因为你说的！

塞翁失马是不是也在提醒我们要时刻保持警惕心呢？

实用小贴士

如何合理地宣泄负面情绪？1.生命在于运动，人在运动的过程中，会给人传递兴奋和开心的信息，是排解负面情绪的方法之一。2.向朋友或家人倾诉。3.适当地大哭一场也会减少负面情绪。

是非只为多开口，烦恼皆因强出头

【注释】

　　为：因为。

　　强：强求，逞强。

【译文】

　　多说话会惹是生非，争强好胜会招惹烦恼。

今文品读

　　俗话说"祸从口出"，很多时候，我们都因为说话不看场合、不看对象，与人产生矛盾。正所谓言多必失，我们平时一定注意"谨言"，知道什么该说、怎么去说。

　　还有些人，平时总是争强好胜，不管碰上什么事情，他们总喜欢强出头，结果往往让自己陷入麻烦的境地。有时候若和别人发生矛盾了，不如"退一步海阔天空"。

孔子是春秋时期伟大的教育家、思想家，他曾经带着弟子们游历各国。一路上，孔子和弟子们历经坎坷，有时候连饭也吃不饱。有一次，孔子和弟子们到了洛阳，来到了周王祭祀的庙堂。刚一进去，他们就被一尊人像吸引住了。

这尊人像是用青铜铸成的，浑身闪着金光。孔子走上前，发现那个人像的嘴巴上竟然贴着三张封条。

弟子们见了都很纳闷，议论纷纷。孔子绕到人像的背后，发现它的背上刻着一行字："古之慎言人也；戒之哉！戒之哉！无多言，多言多败。"弟子们都不明白这是什么意思。

见弟子们一脸迷茫，孔子耐心地为他们讲解。孔子切身做到谨言慎行，在他的言传身教下，弟子们都取得了很了不起的成就。

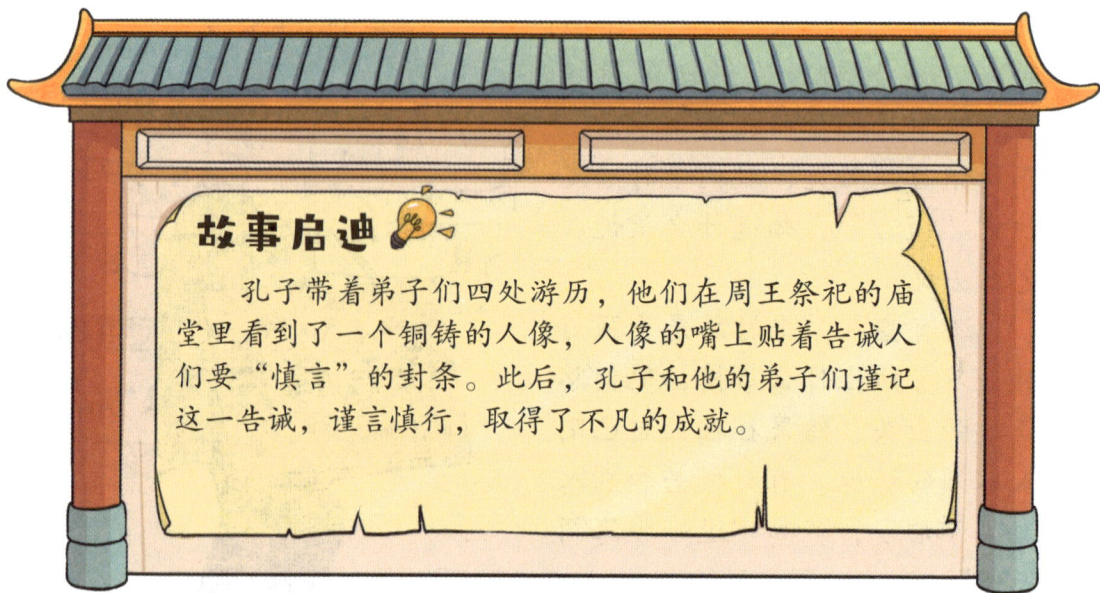

故事启迪

孔子带着弟子们四处游历，他们在周王祭祀的庙堂里看到了一个铜铸的人像，人像的嘴上贴着告诫人们要"慎言"的封条。此后，孔子和他的弟子们谨记这一告诫，谨言慎行，取得了不凡的成就。

这个庙听说非常灵验，拜访的人络绎不绝。

嘴上的封条是什么意思呢？

噢！这下我明白了！

我们要非礼勿言……

成长讨论群

隔壁班李明因为打架被叫家长了。

啊，怎么回事啊？

是非只为多开口呗，和别人大吵一架，后来就动手了。

有时候一句话就会点燃别人的怒火，最后发生冲突。

对，我们可不能学他。

也不能为了不丢"面子"强行出头。

真不知道他们哪来这么大的脾气。

实用小贴士

情绪激动的时候，很容易说出日后会后悔的话。说任何话前先花几分钟整理自己的想法。等想清楚了，再清楚直接地说出你的关切或需求，不要伤害他人或试图控制他人。

磨刀不误砍柴工

【注释】

误：耽误。

【译文】

磨刀的时候不会耽误砍柴的功夫。比喻事先充分做好准备，能提高工作效率。

今文品读

如果拿着一把钝斧子砍柴，又累效率又不高；如果肯花点时间把斧子磨锋利，那么砍柴便会更省力，干活也更利索。

我们做任何事情之前，准备工作做得越充分，后面做事才会越顺利。可千万别以为做准备工作是浪费时间哦，要是准备工作做得好，选对了工具和方法，就会事半功倍。

三国时期，刘备为了能与曹操、孙权抗衡，四处寻访人才。徐庶给他推荐了在南阳卧龙岗隐居的诸葛亮。刘备求贤若渴，马上带上二弟关羽、三弟张飞，备上礼物前往南阳拜访诸葛亮。三人跋涉了许久，才来到卧龙岗。可惜的是，童子告知诸葛亮外出了，不知道什么时候才能回来。刘备只能留下拜帖，无奈离去。转眼已是深冬，刘备听说诸葛亮已经回到卧龙岗，急忙又要去拜访。张飞很不乐意。不过刘备一心要见诸葛亮，张飞虽然不情愿，还是和哥哥们一同冒着风雪出发了。没想到，诸葛亮碰巧又出门闲游了，刘备心里别提有多遗憾了。开春了，当刘备第三次提出要去卧龙岗时，关羽和张飞都极力劝阻他。可两人拗不过大哥刘备，只好不情不愿地跟着刘备上了山。幸运的是，这次诸葛亮在家；不凑巧的是，诸葛亮正在午睡，不让人打扰。刘备没有怨言，在屋外静静地等待诸葛亮睡醒。诸葛亮醒后，感动于刘备的诚意，答应出山帮助刘备。就这样，刘备三次拜访诸葛亮，花费了大半年的时间，终于求得了诸葛亮这位旷世奇才。诸葛亮也没有辜负刘备的苦心，他为刘备出谋划策，为蜀国鞠躬尽瘁。

故事启迪

刘备能白手起家，并在魏、蜀、吴争霸中占取优势，与他正确的决策有关。在前期，刘备并没有急于攻城略地，而是充分意识到建立一个稳固的政权离不开人才的支持。因此，他花费了很多时间和精力去寻访人才。

交给俺吧。
马上就要到先生那儿了，大家不要失礼。
先生不在，请回吧。
连着两次都不在，是不是在耍我们。
这次先生终于在家了，我在屋外等先生睡醒。
我想请先生出山助我。

成长讨论群

我昨天去动物园玩了。

都快考试了，怎么还天天去玩？

磨刀不误砍柴工嘛，保持心情愉快反而会提高学习效率。

你说得也有道理，我每次连续学习超过两个小时，就觉得集中不了精神，学习效率很低。

你可以学一个小时就去外面转一转，或者听听歌转换下心情。

好主意，我今晚就试一试！

肯定会有用的！这可是我的独门秘籍。

实用小贴士

学习法则：1.善于利用时间，在学习中，不仅要懂得珍惜时间，更要学会运筹时间，使自己在最短的时间内，得到最大的学习效果。2.在学习中，合理分配自己的精力，分清主次，保持清醒的头脑。3.学会排除干扰。

一心想赶两只兔，反而落得两手空

【译文】

　　想要同时追赶两只兔子，反而可能一只都追不上，落得两手空空。

今文品读

　　追求多个目标也就意味着要付出多倍的精力和专注力，在时间和资源不足的情况下，反而很可能一个目标也无法达成。所以，当我们既想做这个，又想做那个时，首先要考虑实际情况，自己有没有时间和精力两者兼顾呢？如果没有足够的时间和精力，不如选择其中一件，专心把事情做好。

春秋时期，有一个名叫弈秋的围棋高手。许多人都想拜弈秋为师，向他来请教下棋的技巧。经过一番仔细挑选，弈秋最终收下两名青年为学生，精心教授他们下棋的诀窍。

其中一个学生一心想提高自己的棋艺，听弈秋讲课从不敢懈怠，十分专心。另一个学生虽然也每天按时上课，却常常走神。这天，弈秋正在给两名学生授课，突然天空中飞过一只大雁，坐在窗边的学生一下子看呆了。直到大雁飞得无踪影了，这个学生还在想入非非。另一个学生则专心致志地听老师讲课，根本没有朝窗外看一眼。

过了一段时间，弈秋想检验两个学生的学习成果，便让两名学生对弈，自己在一旁观看。那位专心听课的学生下得十分认真，而那位上课东张西望的学生则急得满头大汗。

结果，那位上课不认真的学生很快输掉了比赛。他之所以输，并不是因为智力不足，而是因为学习时没有做到专心致志。

故事启迪

同样的智力、同样的老师，两位学生的学习成果却截然不同，这个故事告诉了我们专心致志学习的重要性。只有专注于学习的时候，我们才能更好地理解和吸收所学的知识；如果学习的时候心不在焉，总是发呆走神，那么我们学的东西就很难记得深刻，甚至转眼就忘。

你们两个就跟我学棋吧。
不好好学棋干什么呢？
大雁飞得好高啊！
这步棋应该下这里。
怎么同一个老师教出来的结果却不同呢？
胜利

成长讨论群

我同时参加了拔河和跑步比赛，怎么也有一个可以获得好成绩吧！

你呀，小心一心想赶两只兔，反而落得两手空。

这话怎么说？

这两个运动都非常地消耗体力，先比赛的项目必将会影响下一个比赛的状态，不如去专项锻炼最有把握的。

你说得有道理！我再好好考虑一下，选出一个最有把握的。

加油。我相信你一定可以在运动会上拿出好成绩的。

实用小贴士

提高专注力的法则：1.1—3—5 待办清单法则。2.番茄工作法。3.任务切换法。4.延迟满足法。5.思绪落地法。6.减少干扰法。

习惯成自然

【译文】

任何事情只要成了习惯，就不用费心刻意去做，好像本来就应该那样。

今文品读

如果我们看到一个同学每天早起晨读，那么我们会说他（她）是一个勤学的人。然而，没有人是天生就勤学的，养成良好的学习习惯是一个漫长的过程，需要长时间坚持，直到这种习惯变成生活的一部分。

青少年时期是养成习惯的关键时期，我们要注意培养好习惯，努力克服坏习惯。

齐白石是我国著名的书画家，他有一句座右铭，那就是"不教一日闲过"。齐白石要求自己，每天都要至少画五幅画。几十年来，他一直坚持这个习惯，从没间断过。

这一天是齐白石的九十岁生日，家人、朋友和学生都来家里给他祝寿。直到很晚，齐白石才把最后一批客人送走。这时，齐白石想起来，今天的五幅画还没画完呢。于是他准备拿起画笔作画。由于他年事已高，再加上时间很晚了，家人劝齐白石今天就别画了。齐白石不答应。家人一再劝阻，齐白石才不得不放下画笔去休息。

第二天一大早，齐白石就起床了。他认真地作画，把前一天未完成的五幅画补画完毕，这才露出了满意的笑容："习惯成自然，一间断还真不习惯啊！补上这几幅画，心里才舒坦！"

故事启迪

齐白石坚持不懈地画完自己规定数量的画作，这种"不教一日闲过"的态度是对自我的严格要求。我们只有像齐白石这样，养成好习惯，一生勤奋，才有可能获得成功。

漫画历史堂

我特别喜欢画画，他们都叫我大画家。
我每天都会画几幅画，雷打不动。
我们为您祝寿来了！
你们能来我很高兴，快坐，快坐。
寿
我今天还没有画画呢。
今天太晚了。
那我明早补上。

成长讨论群

妮妮，你是怎么坚持每天写日记的呢？

我已经习惯成自然了，不写日记反而觉得忘记了什么。

真好啊，我每次想坚持总会在中途放弃。

嗯，我也是。习惯成自然，听起来简单，但是能做到可不容易。

你可以从写一两句话开始。我刚开始的时候也感觉很困难，再咬牙坚持几天很快就养成习惯了。

我听说养成一个习惯需要用21天。

实用小贴士

如何养成好习惯，可以参考以下几个步骤：1.设定一个明确的目标，要有兴趣和动力。2.一次只专注于一个习惯，先从简单的行为和流程开始，避免分散精力。3.逐渐增加难度和频率，设定一个刺激物，让习惯与特定的条件或情景相关联。4.重复执行，至少坚持21天，最好90天。

人有恒心万事成，人无恒心万事崩

【注释】

恒心：长久不变的意志。

崩：崩塌、破裂。比喻事情失败。

【译文】

人有恒心，做什么事都能成功；人没有恒心，做什么事都会失败。

今文品读

恒心就是坚持、不放弃。拥有恒心，便拥有了前进的方向；如果没有恒心，做事只是三分钟热度，又或是遇到一点困难、挫折就轻言放弃，那便永远看不到光明的前途。

持之以恒并不是认死理，而是朝着一个正确的目标坚定不移地向前迈进。

从前有一位叫愚公的老人，他和他的家人们住在两座大山前。大山挡住了他们的路，十分不便。

一天，愚公把家人召集在一起，对家人说出想移走两座大山的想法。起初，愚公的妻子认为移山是天方夜谭，他们根本做不到。不过，愚公的儿子们却表示赞同。很快，一家人达成了一致的意见，愚公很欣喜。

第二天，愚公和儿子们来到山上。他们将山上的石头凿下来，再运到海边，路途非常遥远，往返一次需要很久。有位智叟看见了，得知他们要将山移走，认为愚公一家很愚蠢。愚公回答道："虽然我老了，但是我有儿子，我的儿子也会有儿子。只要他们不停地挖，大山总有一天会被移走。"

自那以后，愚公和家人每天都出门移山。天神知道了这件事，下令将两座山移走。从此，愚公一家人出门时再也不用绕路了。

故事启迪

愚公立志移山，靠着持之以恒的毅力，最终移走了两座大山。这个故事告诉我们，做任何事情都需要有一个明确的目标，并且要坚定地为了实现这个目标而努力奋斗。只要下定决心，持之以恒，就有可能顺利地抵达成功的彼岸。

成长讨论群

佐佐你最近在坚持写日记吗？

我按照你的方法每天写一段话，已经坚持了一个星期。

我也是，原来写日记也没有想象的那么难。

我现在有信心坚持下去了。

人有恒心万事成，人无恒心万事崩。有恒心和信心是很重要的。

我要怎么才能让自己变得更有恒心和毅力呢？

实用小贴士

如何完成计划内容？首先，制定一个目标，明确自己想要得到的具体结果。将目标分解成一个个小目标。小目标更容易管理和实现，能更快给自己带来成就感。其次，保持乐观自信的心态，遇见困难或者问题后要相信自己的能力，把精力放在解决问题上。

早起三光，晚起三慌

【注释】

三光：办事光彩、周到。"三"是虚指，意为经常、往往。

三慌：做事匆忙、慌张。"三"同样是虚指。

【译文】

起得早事情就能顺利从容地办完，起得晚办事就容易慌慌张张。

今文品读

"早起三光，晚起三慌"不仅指要早早起床，养成良好的生活习惯，也指做事前要预留充足的时间，做好周密的计划，这样便能按计划顺利地完成。如果等事情近在眼前的时候才临时抱佛脚，就容易手忙脚乱，甚至忙中出错。

作为中国历史上的"始皇帝"，秦始皇是个出了名的"工作狂"。据《史记》记载，他每天很早就起床处理政务。那时候的奏折是竹简，而秦始皇每天看的竹简重达几十公斤。

隋朝虽然是个短命王朝，不过缔结这个统一王朝的隋文帝杨坚却有着了不起的功绩。隋文帝不仅每天五更就驾朝临政，还经常到民间微服私访，了解民意。

明朝开国皇帝朱元璋也是一位精力旺盛的皇帝。据统计，他每天审阅的奏折多达20万字。明崇祯皇帝朱由检，其勤政程度与明太祖朱元璋相比可谓不相上下。他每天天不亮就起床批阅奏折，直到深夜都无法入睡。有一次，他去给太妃问安，因为太困了居然睡着了。

清朝康熙皇帝自从14岁亲政后，便开始每天"御门听政"，要求臣子们在卯时（5：00—7：00）来宫中讨论政事。康熙如此勤政，对皇子们的要求也十分严格。雍正即位后，一心扑在工作上，每天晚睡早起，平均睡眠时间只有四个小时，可谓为国事鞠躬尽瘁。

故事启迪

综观历史上勤于政事的帝王，每一位都是早早起床做好一天的工作规划，才能将政事处理得井井有条。如果皇帝睡到日上三竿才起床，每天吃喝玩乐不干正事，那么这个皇帝多半是个昏君。我们也应学习古代那些贤明的帝王，好好利用早晨的时间，过好充实的每一天。

成长讨论群

我感觉我每次假期的时间都不够用，紧巴巴的。

不会啊，我感觉时间挺充足的。

要做的事情很多，看书、看电视、写作业、复习、踢球……

那也不应该不够啊，等等，皮皮你假期要睡到几点？

十二点啊，我放假都是要睡到中午的。

皮皮你个大懒虫，怪不得时间不够用。早起三光，晚起三慌！

啊？原来你们假期也起那么早吗？

实用小贴士

怎样提高睡眠质量？1.打造舒适的睡眠环境，舒适的环境和好的睡眠密不可分。2.可以适当锻炼。运动和睡眠有很大的联系，人体在经过适量的运动后就会产生需要休息的信号。3.改掉仰卧的习惯，正确的睡觉姿势应该是双腿弯曲朝右侧卧。

黑发不知勤学早，白首方悔读书迟

【注释】

黑发：头发乌黑的时候，指年轻时。

白首：头发白了的时候，指年老时。

方：才。

【译文】

年轻的时候不知道早起勤奋学习，等到白发苍苍的时候就会后悔读书太迟了。

今文品读

我们经常被告诫要"以学为先"，也就是说要把学习放在娱乐之前，这并不是陈词滥调。因为人生每个阶段各有适合做的事，年轻时，我们的记忆力和精力处于最旺盛的时候，最适合学习知识，所以更应该将心思放在学习上；而兴趣爱好任何时候都可以拾起，并非最要紧之事，即使稍后再享受其中也无伤大雅。

南北朝北魏时，有一个叫甄琛（zhēn chēn）的人，他出身于书香门第，可是形貌不佳，别人常常评价他缺少风度。甄琛从小就很受家人的宠爱，在家里的时候跟兄弟们打打闹闹惯了，性格有些骄纵。十多岁的时候，甄琛的父亲见甄琛这么大了，不能整天待在家里不务正业，就希望甄琛去京城求学，考取秀才。

甄琛本来就在家里玩得有些腻烦了，希望去京城见见世面，于是便带着小书童动身前往京城了。可到了京城后，甄琛并没有用功读书，而是迷恋上了下棋。到了深夜，甄琛不去睡觉，而是让小书童为自己彻夜举着蜡烛，以便研究棋局。有时候，小书童困得不行了，一边举着烛台，一边打起了瞌睡。甄琛见小书童打瞌睡，大发雷霆，拿起板子就追着小书童打。小书童委屈的说："少爷啊，如果您是熬夜看书，那么我作为书童为主人举烛当然义不容辞，可主人是为了下棋熬夜，我自然心有不满。"听了小书童的话，甄琛想起自己这么多年来把时间都用在玩乐上面，感到十分羞愧。

从此，甄琛不再沉迷于下棋，而是经常到学者家里去借书、求教。经过多年刻苦的学习，甄琛不仅考上了秀才，还成了中书博士，就连当朝皇帝孝文帝拓跋宏也听说了他的才名，对他大加赞赏。

故事启迪

甄琛原本就聪明机灵，可他不把精力用在学习上，而是一天到晚想着下棋取乐，幸亏有小书童的直言劝谏，甄琛才没有白白浪费青春年华。在生活中，我们有时候也难免会因为贪玩而耽误了学习，这时候我们要好好想一想：学习与娱乐，究竟哪个更紧要？

成长讨论群

我家里人又在唠叨我，让我好好学习了。

家里人说的没错啊，学生的任务就是学习。

但是我想做的事情有很多，我想先干我乐意做的事，然后再学习。

皮皮你听过黑发不知勤学早，白首方悔读书迟吗？

听倒是听到过，但是总是没有什么实际的感受。

等你有实际的感受就晚啦！来我给你找几个这样的小故事。

劝学

（唐）颜真卿

三更灯火五更鸡，正是男儿读书时。

黑发不知勤学早，白首方悔读书迟。

一年之计在于春，一日之计在于晨

【注释】

计：计划和安排。

【译文】

一整年的计划和安排应该在春天就做好，一整天的安排则应在早晨就规划好。

今文品读

在农业社会，春天是一年之始，也是播种与萌芽的季节，只有在春天辛勤地耕种，在夏天卖力地除草，才有秋天的收获与冬天的贮藏。而早晨则是一天的开始，只有在早上做好安排，才能度过有意义的、充实的一天。

东晋有个叫祖逖（tì）的人，他从小就不爱读书，直到十四五岁的时候都还没念过几本书。他的哥哥们都替他着急。不过，祖逖性格豁达，为人慷慨，还经常为乡里贫穷的乡民提供粮食、布帛等，所以乡里人都很喜欢他。随着年纪渐长，祖逖发觉自己学识不足，便立志向学，希望能做一个有学问的人。周围的邻居也都认为祖逖大有前途，将来必定是国家的栋梁之材。祖逖名声渐大，他二十四岁的时候，地方的官员和乡绅联名推举他去当朝廷的预备官员，可是祖逖以自己学问不足为由推辞了。祖逖继续努力读书，后来当上了司州主簿（bù），但他仍不满足。

时逢乱世，国家连年战乱，祖逖最大的理想是平息战乱，让百姓安居乐业。祖逖有个好朋友叫刘琨（kūn），他们经常一起谈论国家政事，有时候谈到深夜，两人便在一张床上休息。一天，天还未破晓，祖逖隐约在睡梦中听到了鸡叫声，就轻轻踹了刘琨一脚，提醒他是时候起床练习剑术了。就这样，两人每天天不亮就摸黑起床，借着星月的光辉在屋外练剑，春去秋来，寒来暑往，没有一天落下。经过多年的刻苦练习，祖逖和刘琨的武艺大有长进。后来，祖逖被封为镇西将军，刘琨做了负责军事要务的中郎将。

故事启迪

当别人还在睡懒觉的时候，祖逖和刘琨已经闻鸡起舞，开始练剑了。

早晨是一天中难得的清静、凉爽的时候，在早晨大声诵读、进行锻炼都是很不错的选择，它会使我们一整天都精力充沛，保持积极、正面的情绪。

成长讨论群

皮皮最近假期还有没有赖床啊?

是不是还是太阳晒屁股了还睡得正香呢?

别看不起我,我现在七点就起床了,时间真的比之前长了一大截。

那当然长了,比你之前十二点起床多了快五个小时呢。一年之计在于春,一日之计在于晨,下次我找你去跑步吧!

我也想去,以后我们在公园集合吧?早上的公园空气可好了。

实用小贴士

跑步的好处:1.心脏更加健硕。早晨空气中氧气充足,跑步可以使摄氧量达到最大化,这可大大提高身体各部位的机能,加快血液循环,起到预防多种心脏疾病。2.肺部功能更加强大。随着跑步的进行,换气量会逐渐升高,长期坚持晨跑可以增强肺部功能。

差之毫厘，失之千里

【注释】

毫、厘：长度单位，十丝为一毫，十毫为一厘，用来形容极少的数量。

【译文】

开始时稍微有点差错，结果会造成极大的错误。

今文品读

无论做什么事情都不能忽视细节，因为一点点疏忽或者偏差都可能造成非常严重的后果。比如在做数学题时，如果其中一步计算过程出了错，那么最后的答案就完全是错的。因此，我们在做任何事情的时候都应该细心、认真，防止小错误带来大问题。

赵充国是西汉时的一位将领，他奉汉宣帝的命令去西北地区平定叛乱。赵充国到达西北后，发现叛军力量强大，军心不齐，他决定采取招抚的方式，避免兵士遭受伤亡。招抚政策效果显著，有一万多名叛军投诚。可是，还未等到他把情况上报给皇帝，皇帝却下达了限时全面攻击叛军的命令。经过再三考虑，赵充国决定继续招抚叛军。赵充国的儿子赵卬（mǎo）听到这个消息，急忙派人劝父亲接受皇命，免得招来杀身之祸。赵充国想起了引发这次西北叛乱的两件事。一是皇帝不听他的建议，派不懂军事的义渠安国带兵攻打匈奴，结果大败。二是有一年金城、湟（huáng）中粮食大丰收，谷价便宜，自己向皇帝建议收购三百万石谷子存起来。若这样的话，边境上的那些人见军队的粮食充裕，人心归顺，想叛变也不敢行动。可是后来耿中丞只向皇帝申请买一百万石，皇帝又只批了四十万石，义渠安国又轻易地耗费了二十万石。正由于做错了这两件事，才发生了这样大的动乱。赵充国想到这些，深深地叹了口气。赵充国决定坚持自己的正确主张。他把撤兵、屯田的设想奏报皇帝，最终汉宣帝接受了他的主张，招抚叛军，边境恢复了安宁。

故事启迪

皇帝减少粮食储备或者任命不懂军事的官员指挥军队，可能只是小小的失误。但是，这些小小的失误最终却导致了大规模的叛乱，给国家和人民带来了巨大的灾难。

我们也要学会吸取教训，不断修正自己的行为，以防止同样的错误再次发生。

成长讨论群

你们听过那个小数点引发的惨案吗?

我知道,好像是因为看错了一个小数点导致整个飞船出事故了。

小数点动一个位置可是十倍的差距。差之毫厘,失之千里。

是啊,我看完这个故事也明白了做事要小心谨慎。

不过这个故事有可能是杜撰的,毕竟怎么可能这么大的错误都检查不出来呢?

原来是这样啊!

实用小贴士

西汉时期,赵充国奉汉宣帝之命去平定西北地区叛乱,见叛军军心不齐,就采取招抚的办法,使得大部分叛军投诚。可汉宣帝却命他出兵,为此,他想起了由于朝廷不听自己建议,而引发此次叛乱的教训。他感慨地说:"真是失之毫厘,谬以千里。"

当局者迷，旁观者清

【注释】

当局者：下棋的人，比喻当事人。

旁观者：看棋的人，比喻旁观的人。

【译文】

当事人往往对利害得失考虑得太多，看问题反而糊涂；旁观的人冷静、客观，看得更清楚、全面。

今文品读

当我们深陷于某个问题或困境时，往往会因为过于关注细节或是紧张焦虑，而无法看清问题的全貌和本质。而旁观者由于不直接参与，往往能够更冷静、客观地看待问题，从而找到解决问题的方法。

"当局者迷，旁观者清"也提醒我们，在面对问题或决策时，除了自己的观点和感受，也可以借鉴他人的意见，或者换个角度去看问题。

魏徵（zhēng）是唐初的"一代名相"，他在辅佐唐太宗发展经济的同时，还重视发展文化教育事业。为了使国家的典籍丰富又完整，他奏请皇帝组织儒生修复和整理图书。

他自己也花费几年心血，将汉朝戴圣汇集的《礼记》加以分类整理，重编为《类礼》二十卷。唐太宗读后很赞赏，下令抄成数本，除藏于内府外，还赐给太子和诸王。

到了唐玄宗时期，有大臣上疏唐玄宗，请求把魏徵整理修订过的《类礼》列为经典著作，以便使用。唐玄宗当即表示同意。不料，丞相张说提出不同的看法，他认为现有的《礼记》没必要更改。可是，元澹（dàn）校阅过魏徵的《类礼》后，认为它比现有的《礼记》更实用。于是，元澹写了一篇题为《释疑》的文章，来说明《类礼》不该被束之高阁。《释疑》用主人和客人对话的形式表明，戴圣编撰的《礼记》有很多矛盾之处，而魏徵的注解更加真实可信。

这件事也告诉我们，我们遇事不能固守成见，否则就容易"当局者迷"。

故事启迪

张说坚持使用传世千年、有郑玄注解的《礼记》，他的观点代表了对传统的尊重和维护。而元澹主张采用魏征重新整理和分类的《类礼》，他的观点代表了对创新的追求和欢迎。

我把《礼记》重新归类编写了。

整理好图书是功在千秋的事啊。

魏徵这本书重编得很好。

臣想让大家都学习《类礼》。

臣觉得《礼记》更好，不需要把《类礼》列为经典。

丞相当局者迷啊，魏徵的注解更加真实可信。

91

成长讨论群

哎呀，你这棋子怎么下这了？

怎么啦？下这有什么不对吗？

你先下完，等复盘的时候我告诉你。

观棋不语才是真君子。

一段时间后……

你看，这步棋开始就有问题了。

现在一看，这个错误确实不该犯，我是当局者迷了，等下完才发现这个错误还挺明显的。

实用小贴士

当我们陷入迷茫时，常常只会从一个角度去考虑问题。而当我们想要从旁观者的角度去看待问题时，就需要多角度思考。对于同一个问题，不同的人会有不同的看法。因此，我们可以向周围的人请教意见，听取他们的看法，这样可以帮助我们更全面地了解问题。

砍一枝，损百枝

【注释】

损：损坏。

【译文】

砍掉一根树枝，可能会损坏百根树枝。

今文品读

当你砍掉一根树枝的时候，一定要想到会损坏其他树枝的结果，只有充分考虑后果，才能以最小的代价换取最大的回报。越是厉害的人，越不会在意眼下的那点私利。他们的眼光很长远，看得也全面，不会因为一点点利益而损害整个计划。

春秋时期，鲁国制定了一条法律，如果有人愿意赎回沦为其他国家奴隶的鲁国人，就可以凭赎人凭证去鲁国国库报销赎人的钱。这个法令大大推动了鲁国人赎人的行动。子贡是孔子门下最有钱的弟子，他在周游列国的时候赎回了一个鲁国奴隶。但是子贡当众撕毁了赎人凭证，说："我愿意自己承担全部费用，不向国库要钱。"有些人赞扬子贡的无私精神，也有人觉得他破坏了法律的规定。

一次，子贡去拜见孔子。孔子得知后并不愿意见他。子贡冲到孔子面前，问孔子为什么不愿意见他。孔子对子贡说："因为你，这条法律失效了，影响了整个国家。"果不其然，子贡的行为被越传越广，产生了非常大的社会影响。因为赎人者无法再用正常的心态去国库领钱。后来，愿意出钱赎人的人越来越少。

这件事让子贡后悔了很长一段时间，他感叹道："如果我当时考虑到事情的结果，就不会这么做了。"

故事启迪

子贡做事之前没有想到会带来的后果，导致对社会产生了不好的影响。万事万物都有紧密的联系，我们在做事之前，一定要事先考虑后果，避免"牵一发而动全身"，产生一连串不好的影响。

成长讨论群

皮皮该交卷子了，就差你了。

快点快点，交了我们去丢沙包。

我还有一道题没有写完，快把你的让我抄一下。

不行，你这样做是不对的，学习成绩不能弄虚作假，你先交上去吧，有什么不会的我再给你讲。

你真小气，连个题都不让我看。

佐佐不是小气，是怕砍一枝损百枝。开了这个先例你会越来越不想自己写了。

实用小贴士

如果一件事情摆明了是你的错误，但是你误以为不承认错误便能挽回面子，反而会适得其反，因为你拒不认错而丢了面子。相反，如果你愿意大方承认，分析自己的过错，并且表明自己诚恳的态度，以及付出改正的行动，将更容易得到别人的原谅与理解。

前事不忘，后事之师

【注释】

师：借鉴。

【译文】

不要忘记过去的经验教训，可以作为以后的借鉴。

今文品读

失败并不可怕，可怕的是失败后一蹶不振，不愿意继续努力。当我们做一件事或者学习时遭遇挫折，不要泄气，而是应该牢记教训，作为以后的借鉴。这样一来，我们离成功就会越来越近了。

战国初期，晋国的卿大夫智伯是正卿，执掌大权。为了振兴晋国，扩大家业，智伯向三家大夫赵襄子、魏桓子、韩康子索要封地。魏桓子和韩康子因惧怕智伯而献出封地，而赵襄子坚决不给。因此，智伯联合魏恒子和韩康子攻打赵襄子。

赵襄子的谋臣张孟谈献计，暗中与韩、魏联络，最后说服韩、魏与赵的军队秘密合作，偷袭智伯的军队，活捉了智伯。

张孟谈为此立下大功，然而，他却向赵襄子提出辞呈，不再做赵襄子的谋臣。赵襄子急忙挽留，并且询问张孟谈辞离的原因。张孟谈回答："你想的是报答我的功劳，我想的是治国的道理。从前君臣一起打天下，最后取得成功，这是常有的事。但成功后君臣权力平等，那是没有的。'前事不忘，后事之师'，即使您不同意我辞离，我也没有力量帮助您了。"赵襄子见他说到如此程度，知道无法再挽留，只好同意他辞离。

故事启迪

自古君臣一起打天下，但君臣的权力不可能平等，这是前人留下来的经验和教训，张孟谈深知这一点，所以执意辞离，远离朝堂。如果他没有吸取前人的教训，可能会有性命之忧。

成长讨论群

皮皮你怎么没有参加这次社团活动？

是啊，最近几次都没看到你。

上次因为练习跑步导致成绩下滑了，被妈妈说教了半天。前事不忘，后事之师，这次我想先把考试做好。

不错不错，有自己的想法。

那我们把这次的活动改成学习会吧。我和佐佐给你把不会的题讲解一下。

实用小贴士

"吃一堑，长一智"，吸取教训是非常重要的。但是"吃一堑"不会自动地"长一智"，关键还要看你能否变"教训"为"知识"。成功来自在错误中不断学习。只要你能从错误中吸取教训，便不会重蹈覆辙。

螳螂捕蝉，黄雀在后

【注释】

蝉：昆虫名，俗称知了。

捕：捕捉。

【译文】

螳螂捕捉蝉，却不知道黄雀在它后面正想吃它。

今文品读

不能只想要取得眼前的利益，而不考虑隐藏在身后的危险。只有站在全局的高度去观察、分析问题，才能得出正确的结论，找到解决问题的正确办法。对于我们小学生而言，这句话也告诉我们，不能取得一点点成绩就骄傲，这样反而会得到教训。

有一次，吴王召集群臣，宣布要攻打楚国。大臣们反对吴王的这个决定，然而，吴王根本不听大臣们的建议，厉声喝道："我意已决，谁要想阻止我，决不轻饶。"

有一位正直的大臣，他觉得攻打楚国会影响吴国的安危，想劝说吴王改变主意。就在他不知道该如何开口时，看到自家花园的一棵树上有一只蝉，瞬间有了办法。第二天一大早，这位大臣就来到王宫的后花园，他知道吴王每天都要经过这里，特地在这里等。

过了两个时辰，吴王来了。这位大臣装作没看到吴王，手里拿着弹弓，死死地盯着树枝。吴王觉得奇怪，就停下脚步，问道："你一大早在这里做什么？"那位大臣假装才看到吴王，连忙赔礼道歉，说道："我只顾看树上的蝉和螳螂，却没留意您的到来，请恕罪。"吴王好奇地问："你到底在看什么呢？"大臣回答道："我刚才看到一只蝉在喝露水，丝毫没察觉一只螳螂在它身后准备捕食它，而螳螂也想不到，自己的身后还有一只黄雀，黄雀更想不到，我正拿着弹弓对着它……"吴王听明白了大臣的话，打消了攻打楚国的念头。

故事启迪

要做到不只顾眼前利益，以下几点建议可以帮助你：1.设定长期目标，制定清晰的长期目标，并时常回顾和调整这些目标，确保它们与个人价值观和大方向一致。2.培养前瞻性思维，学习和实践前瞻性思维，分析当前行动对未来的影响，避免短视行为。

成长讨论群

这个和我们上次玩的"鬼捉人"差不多。

是啊，我光看着前面抓人的你了，没有看到后面包抄过来的皮皮。

所以要时刻保持警惕，在安全的时候也要考虑隐藏的危险。

那有时间我们再玩一次，看看究竟谁是螳螂，谁是黄雀？

好啊好啊，到时候我们一起找个时间来玩。

哈哈，不用想了，你肯定是被我们盯上的那个呆呆的蝉。

实用小贴士

怎样才能不只顾眼前利益，看到事情的本质？1.学习和实践前瞻性思维，分析当前行动对未来的影响，避免短视行为。2.通过运动或设定小目标等方法，逐步增强自我控制力，减少即时满足的欲望。3.听取不同人的意见。

河狭水激，人急计生

【注释】

狭：窄小，不宽阔。

计：计谋，策略。

【译文】

河道变窄，水流就会湍急。人在紧急关头，就会想出好的对策。

今文品读

人在紧急关头，会尽力想办法突出重围。但是，并非所有人都能在着急的状态下想出解决办法，有些人反而会被情急的状况击垮。一般来说，只有那些具备一定智慧和能力的人才能急中生智。所以，我们平时要努力学习，储备知识，以备不时之需。

北宋时有个叫司马光的人，他从小就爱动脑筋，大人们都夸他聪明伶俐。

司马光7岁的时候，一天，他和邻居家的小孩子们去屋后的庭院里玩耍。就在大家玩得开心的时候，司马光突然听到一个小男孩的呼救声。原来，一个小男孩在爬假山的时候，不小心掉进了假山下的大水缸里。

孩子们马上跑到大水缸旁边，想救出里面的小男孩。可是，大水缸很高，他们没办法把小男孩拉出来，小男孩吓得直哭。虽然司马光心里也着急，但是他看上去十分镇定，他沉着地对其他小孩子说："大家别怕，我们一起想办法。"司马光说完，哭泣的孩子们立刻安静了下来。

突然，司马光看到假山旁边的石头，灵光一闪，他找了一块不大不小的石头，用力砸破了大水缸。大水缸里的水"哗哗"地流了出来，小男孩终于得救了。

故事启迪

司马光毫不慌张、镇定自若，努力寻找解决的办法，最后救出了落水的小男孩。在情况紧急的时候，我们只有像司马光一样冷静思考，才有可能找到解决问题的办法。

成长讨论群

我听说要想翻过一面墙，首先要把背包丢过去。

啊？为什么要把包丢过去。

因为包丢过去就没有退路了，就只能想尽办法过墙了。

就是这个道理，人在没有退路的情况下反而可以爆发出更高的潜力，最后取得成功。

噢！我明白了，背水一战是不是也是这个道理。在绝境的时候反而士气更旺，最后打了胜仗。

我要不要试一试把包丢出去呢？

实用小贴士

急中生智取决于三个条件：1.智力。首先你要拥有快速思考的能力。2.经验。如果你以往处理过或者在书本中看到过类似情况，就能更快地想出解决办法。3.情商。遇事不慌乱才能更好地想出办法。

一寸不牢，万丈无用

【注释】

牢：牢固。

丈：长度单位。

【译文】

一寸不牢，万丈再结实也没用。

今文品读

　　每一件事情都是环环相扣的，我们做事的时候，不能漏掉任何一个环节，哪怕是微不足道的环节。有时候，人们往往会因为忽略了细节，而导致整个事情都没有做成。

　　因此，我们要以严格的标准来要求自己，不能粗心大意。

　　春秋时期，郑国攻打宋国，宋国派大将华元迎战。两军交战之前，华元为了鼓舞士气，杀羊犒（kào）军。不知是厨师疏忽，还是羊肉羹做少了，华元的车夫羊斟没有分到羊肉羹。羊斟看着别人吃得津津有味，自己却只能在角落里咽口水，他愤愤不平。

　　吃饱喝足后，主帅华元便登上战车，准备迎战强敌。大战一触即发。这时候，驾车的车夫羊斟恶狠狠地对华元说道："分羊肉羹您说了算，驾车往哪里跑，我说了算。"羊斟说完，驾着车，带着华元往郑国军队冲去。华元气得暴跳如雷，但无济于事。

　　就这样，宋国主帅华元被俘，郑国大获全胜。

故事启迪

　　大将华元因为一个小小的疏忽给自己招来了灾祸。我们要吸取他的教训，避免因为小的失误而导致大的损失或灾难。

成长讨论群

妮妮，怎么了，前两天都没有来上学？

前天写作业的时候趴在桌子上睡着了，冻感冒了。

好好休息啊，身体才是本钱。身体不好学习再好有什么用呢？

是啊，这就是一寸不牢，万丈无用。

谢谢你们关心我，我现在好多了，以后会注意身体的。

等我找找我的笔记，这两天的课不懂的可以问我和佐佐。

哈哈，好的。

实用小贴士

通常，一件事情当中的各个环节都存在一定的关系，彼此互为依靠，相辅相成，共同组成了一个整体。因此，我们在做事的时候，不能漏掉任何一个环节，哪怕那个环节是微不足道的。

急则有失，怒中无智

【译文】

　　指人在着急匆忙中容易发生失误，在愤怒中容易失去理智。

今文品读

　　当人在盛怒之下，智商往往为零。问题往往源于无法忍住怒火，纵观历史长河，许多英雄豪杰因无法克制怒火而功败垂成。

　　若想成为人生的赢家，必须学会控制自己的情绪。

项羽占据成皋（gāo）天险，与汉军在巩县对峙。如果汉军再失巩县，洛阳也将不保。

当时彭越在梁地，可以对项羽的后方发起进攻，牵制项羽，使项羽不能首尾相顾。刘邦又命令刘贾与卢绾率领二万人渡过白马津，与活跃于楚军后方的彭越军配合，烧掉楚军的粮草。彭越等在燕县以西打败楚军，攻占睢（suī）阳（今河南商丘南）等17座城池。

项羽知道之后亲自攻打彭越与刘贾，留大司马曹咎守成皋，临行前嘱部将曹咎谨守成皋，遇汉军挑战，切勿应战，只须阻止其东进即可。

汉四年冬十月，刘邦趁项羽东去兵力薄弱之机，反攻成皋。刚开始的时候，成皋楚军坚守不战。但是刘邦数次派人到阵前辱骂，终于激怒曹咎，率大军出击。汉军趁楚军半渡汜水之时，全力反击，斩杀了曹咎，再次夺回成皋。

故事启迪

每个人都是有情绪的，都有冲动的时候。不要在愤怒和着急的时候做决定，那时候的决定都是在情绪的左右下决定的，都是不理智的。曹咎就是因为没有克制住自己的愤怒，最后导致了战争的失败。

成长讨论群

怒中无智可不是说说而已，很多人被愤怒冲昏了头做出了让自己后悔的事。

我知道，上次我和皮皮吵架就是。

哎呀，我已经道歉了，就别提这件事了呗。

怎么了啊，妮妮脾气那么好，怎么还会吵架？

他当时把我最喜欢的水杯给摔碎了，我太生气了，就吵起来了。

我都给你买了一个一样的了，就原谅我吧。

实用小贴士

研究表明，愤怒所持续的时间不超过12秒钟，就如暴风雨一般，爆发时能摧毁一切，但过后却风平浪静。所以如何度过这关键的12秒，让怒气自然消解非常重要。深呼吸，或者在心中默数10个数，当你做完这些的时候，你会发现，其实你已经没有那么生气了。

将相顶头堪走马，公侯肚里好撑船

【注释】

堪：能够。

公侯：周代有五等封爵，即公、侯、伯、子、男。

【译文】

将相额头上能跑马，公侯肚里能撑船。

今文品读

这里是比喻胸怀宽广，肚量大，有雅量。对于真正做大事业、有大成就的人来说，宽大的胸怀是必须具备的素质。既要能够容人之长，视别人的进步为幸事，为别人的成功而高兴；又要能够容人之短、容人之过，以宽厚之心对待别人的缺点和不足。

狄青家境贫寒，自小跟自己的哥哥相依为命。他16岁的时候，因为被当地的流氓欺凌，哥哥替他出头跟流氓打了起来，不小心将对方打成了重伤。狄青自愿顶替哥哥下了大狱，因为确实事出有因，县令认为其情可悯，所以没有重罚狄青，只是按照律例在他脸上刺了字。

狄青的哥哥很是懊悔，他反过来安慰哥哥，出狱之后就去从了军。狄青在军中颇受重用，当时范仲淹任经略使，他对狄青最为喜爱，认为他是良将之才。狄青也就从一个普通骑兵一跃成了大将军。虽然他精通领兵打仗，但是脸上的刺字却一直十分显眼，军队中不少士兵因为狄青的刺字，私下里对他议论纷纷。

狄青的副将知道了之后，很是生气。他禀告狄青，要求狄青好好整治整治这些胆大妄为的人。

狄青听后却一笑置之，他对副将说，自己脸上有刺字是事实，没什么好掩饰的，这些士兵不过是好奇罢了。自己作为一军统帅，领兵打仗只是一方面，更重要的是要照顾好自己的兵将。因此只要不违反军纪，就算这些子弟兵想要在自己头上跑马，他也能忍。

狄青的这番话在军中传开了，士兵们都纷纷称赞他有雅量，能容人。"将军额上能跑马"这句话也自此流传开来。

故事启迪

真正做大事业、有大成就的人，都需要有宽大的胸襟和容人的雅量，能够容人之长、容人之短、容人之功、容人之过。狄青能成为大将军和他的肚量是分不开的。

你看他脸上，好丢人啊。

大人，他们常嘲笑你，我去教训下他们。

没关系的。

只要不违反军纪，在我头上跑马我都能忍。

将军真有雅量。

将军对不起，我不该那么说您的。

119

成长讨论群

现在想想我也不应该发那么大脾气，我要怎么克制自己呢？

俗话说将相顶头堪走马，公侯肚里好撑船。

我们又不是什么将军和宰相。

这只是比喻，我们虽然不是将军、宰相，但是也可以有他们的肚量。

再遇到让我生气的事情，我就劝自己大人不计小人过。

谁是小人啊？是我不计朋友过才是。我可是顶天立地的男子汉。

实用小贴士

宽容的好处：1.宽容的人总是记住别人的好处并心存感激，而且乐于助人，所以他也会得到很多人的帮助。2.宽容的人乐于与人分享自己的财富、成功与快乐，所以他是快乐的。3.宽容的人总能发现别人的优点，肯定别人的长处，所以他的朋友很多，人缘很好。

内不欺己，外不欺人

【译文】

对内不违背自己的良心，对外不欺骗他人。

今文品读

　　这个准则强调诚实、守信、尊重他人和自律，体现了儒家思想中的核心价值观，如"仁""义""礼""智"和"信"。它强调个人修养和人际关系的重要性。在内不欺己方面，孔子认为人们应该诚实面对自己的内心和行为，不欺骗自己，不违背自己的良知和道德准则。

　　早年许衡曾经跟很多人一起逃难，经过河阳（今河南省孟州市）时，由于行走路途遥远，天气又热，十分口渴，同行的人发现道路附近有一棵梨树，树上结满了很多梨子，大家都争先恐后地去摘梨来解渴，只有许衡一人，端正地坐在树下，安然如常。大家觉得很奇怪，有人便问许衡说："你怎么不去摘梨来吃呢？"许衡回答说："那梨树不是我的，我怎么可以随便去摘来吃呢？"那人说："现在时局这么乱，大家都各自逃难，这棵梨树，恐怕早已没有主人了，何必介意呢？"许衡说："梨树没有主人，难道我的心也没有主人吗？别人丢失的东西，即使一丝一毫，如果不合乎道义也不能接受。"乡内的果树每当果实成熟，掉落在地上，乡里小孩从那边经过也不看一眼，乡民都这样教导子弟，不要有贪取的心理。

　　平日凡遇丧葬婚嫁时，许衡一定遵照风俗礼仪办理，全乡人士，都受感化，乡里求学的风气逐渐盛大。

　　许衡的德行传遍天下，元世祖闻知，要任用许衡为宰相，但是许衡不慕荣利，以病辞谢。许衡去世后，四方人士都聚集于灵前痛哭，也有远从数千里外赶来拜祭的。因此，元成宗特赐其谥号为"文正"。

故事启迪

　　自己不要欺骗自己，首先我没做到，我对自己偷懒，没兴趣的事情总是能找到借口和理由。即使有时是善意的谎言，却也是欺人。许衡没有因为没人看到而放低对自己的要求，做到了梨无主，我心有主。

成长讨论群

妮妮你不是说要每天锻炼身体嘛，现在怎么样了？

在呢……我每天都会抽出十分钟来。

妮妮你的身体可不会骗人，你身体这么弱该好好锻炼的。

十分钟可不够，怎么样也要把时间延长到半个小时吧。

妮妮你要诚实哦，内不欺己，外不欺人。

这次是我错了，我今后也会每天锻炼的，麻烦监督我。

实用小贴士

每个人都会多多少少地欺骗自己，可能是自己没能力接受这个现实，也可能是出于自我保护的心理，像是鸵鸟面对危险时把头埋进沙子里一样，但长此以往肯定对生活会有影响。我们应正视自己的内心和缺点，并努力改正。

明知山有虎，偏向虎山行

【译文】

　　明知有危险，却还是冒险而行。比喻不畏艰险，敢于冒险。

今文品读

　　明知山中有虎，还偏要往虎山去，说明有某种东西能让人忘却生死，不畏艰险地前仆后继。这可以是民族大义，比如当年抗战的敢死队员们，明知死路一条，为了国家和人民，还是甘愿前往。也可以是面对小的困难也要迎难而上的坚韧。

武松回家探望哥哥，途中路过景阳冈。在冈下酒店喝了十八碗酒，踉踉跄跄着向冈上走去。行不多时，只见一棵树上写着："近因景阳冈猛虎伤人，但有过往客商，应结伙成队过冈，请勿自误。"武松认为，这是酒家写来吓人的，为的是让过客住他的店，没有理它，继续往前走。

太阳快落山时，武松来到一破庙前，见庙门贴了一张官府告示，武松读后，方知山上真有虎，待要回去住店，怕店家笑话，又继续向前走。由于酒力发作，他便找了一块大青石，仰身躺下，刚要入睡，忽听一阵狂风呼啸，一只眼睛上翘，额头白色的大虫朝武松扑了过来，武松急忙一闪身，躲在老虎背后。老虎一纵身，武松又躲了过去。老虎急了，大吼一声，用尾巴向武松打来，武松又急忙跳开，并趁猛虎转身的那一刹那，举起哨棒，运足力气，朝虎头猛打下去。只听"咔嚓"一声，哨棒打在树枝上。老虎兽性大发，又向武松扑过来，武松扔掉半截棒，顺势骑在虎背上，左手揪住老虎头上的皮，右手猛击虎头，没多久就把老虎打得眼、嘴、鼻、耳到处流血，趴在地上不能动弹。武松怕老虎装死，举起半截哨棒又打了一阵，见那老虎确实没气了才住手。从此武松威名大震。

故事启迪

这则故事告诫我们，虽然武松敢于战胜困难的勇气和坚韧不拔的信心值得我们学习，但是也要根据自身的实力来判断具体的情况。

成长讨论群

佐佐，听说你报名作文竞赛了。

对啊，我昨天刚刚向老师报名。

听说这次有很多作文写得好的同学都参加了，我都不敢报名了。

我这就叫明知山有虎，偏向虎山行。我努力努力也不会比他们差的。

那我也去报名了，你都不怕我也不怕，重在参与嘛。

等等我，我和你一起去。

实用小贴士

参与本身就是一种自我锻炼、自我激励和自我发展的方法，特别是对那些不自信，不敢参与其中的人而言。不要太在意结果而应该去关注过程。重在参与告诉我们，只要你参与进去了，就会得到一些收获。

宝剑锋从磨砺出，梅花香自苦寒来

【译文】

宝剑的锐利刀锋是从不断的磨砺中得到的，梅花飘香来自它度过了寒冷的冬季。

今文品读

"宝剑锋从磨砺出，梅花香自苦寒来"，意思是说宝剑的锋利从磨砺中得来，梅花飘香是因它经历了严寒的淬炼，常用来教育人们要经过艰辛磨砺、下一番苦功夫，才能有所成就。

春秋时期，吴王夫差凭着自己国力强大，领兵攻打越国。结果越国战败，越王勾践被抓到吴国。吴王为了羞辱越王，就派他去干像喂马、牵马这样的奴仆才做的工作。越王心里虽然很不服气，但仍然极力装出忠心顺从的样子。吴王出门时，他走在前面牵着马；吴王生病时，他在床前尽力照顾。吴王看他这样尽心伺候自己，觉得他对自己非常忠心，最后就允许他返回越国。

越王回国后，决心洗刷自己在吴国当囚徒的耻辱。为了告诫自己不要忘记报仇雪恨，他每天睡在坚硬的木柴上，还在座位上方吊一颗苦胆，吃饭和睡觉前都要品尝一下，为的就是要让自己记住教训。除此之外，他还经常到民间视察民情，替百姓解决问题，让人民安居乐业，同时加强军队的训练。

经过十年的艰苦奋斗，越国变得国富兵强，于是越王亲自率领军队进攻吴国，成功取得了胜利，吴王夫差羞愧得在战败后自杀。后来，越国又趁胜进军中原，成为春秋末期的一大强国。

故事启迪

在吴国做人质的日子里，勾践表现的极为谦卑，甚至为吴王夫差驾车、执鞭，这种行为在当时被视为极大的屈辱。然而，勾践心中却有着远大的抱负，他卧薪尝胆，不断提醒自己复仇的决心。这种超乎寻常的耐力和毅力，最终帮助他战胜了吴国，一雪耻辱。

成长讨论群

唉，为了准备期中考试，我昨天又熬夜了。

好烦啊，考试。

没事，宝剑锋从磨砺出，梅花香自苦寒来。只有经历了考试的锻炼，我们的成绩才会更上一层楼。

说的有道理啊，是我把考试看得太消极了。谢谢你皮皮，是你点醒了我。

就是，考试只是让我们变得更好的磨刀石而已。

实用小贴士

怎么样正确看待挫折？1.每次挫折都有意义，正视挫折会给你带来成长。2.摆脱挫折中的依赖，尝试自己去解决问题，并非依赖他人。3.从挫折中学会反思，获得进步。

人无信不立

【注释】

信：信用。

【译文】

人没有信用就没有立足之地。

今文品读

　　"民无信不立"，意指国家不能得到老百姓的信任就会垮掉。后人由此引申，指出人如果没有信用，就没有立足之地。这句话十分深刻地说明了诚信的重要性。

　　李苦禅是我国近现代著名画家，他为人爽直，凡是答应了给人作画的，从不食言。

　　有一次，有位老朋友请他作一幅画，李苦禅因有事在身，未能及时完成。不久，当他接到老友病故的讣告后，面有愧色，即趋作画，画了幅《百莲图》，并郑重其事地题上老友的名字，盖上印章，随即携至后院，将画烧毁。事后，他对儿子说："今后再有老友要画，及时催我，不可失信啊！"

故事启迪

　　信义，为人的人性价值内涵。人的一生，只有拥有信义，方能坚守本分。既能遵守道德礼法之制，遵纪守法而不为非作歹、作奸犯科，又能践行道理而敦行礼义，自得其乐。

成长讨论群

佐佐，答应还给我的书什么时候给我？

啊，不好意思，最近太忙了我忘记了，明天一定给你。

佐佐你这可不对啊，答应别人的事就要做到，人无信不立，忘记答应别人的事情也很不尊重人。

对不起妮妮，是我错了，我现在记下来了，明天肯定能给你。

没事的，佐佐你这次记住就好了。

实用小贴士

增强记忆力的方法：1.摇摇头、晃晃脑，有助于记忆力的提高。2.不经意地伸懒腰，对大脑有好处。3.梳头，能延缓大脑衰老。4.伸蜷手指。手指与大脑相连的神经最多，通过伸蜷手指，可以有效刺激大脑。

勿贪意外之财，勿饮过量之酒

【注释】

勿：不要。

【译文】

不要贪图意外的财物，不要饮过量的酒。

"勿贪意外之财，勿饮过量之酒。"此句树立了正确的价值观，不要太过贪婪，要遏制自己的欲望。

137

关羽兵败身死后，张飞悲痛之下便时常醉酒鞭打士卒，甚至"多有鞭死者"。

有一天，张飞下令三日内置办白旗、白甲，三军挂孝伐吴。范疆、张达告诉张飞："白旗、白甲，一时无可措置，须宽限才可以。"张飞大怒，喝道："我急着想报仇，恨不得明日便到逆贼之境，你们怎么敢违抗我作为将帅的命令！"说完张飞就让武士把二人绑在树上，在每人背上鞭打五十下。打完之后，张飞用手指着二人说："明天一定要全部完备！如果违了期限，就杀你们两个人示众！"

二人回到营中便商议如何杀死张飞。恰好张飞这天夜里喝得大醉，卧在帐中。范、张二人探知消息，初更时分，各怀利刀密入帐中，就把张飞给杀了。当夜，他们二人就拿着张飞的首级，逃到东吴投奔孙权去了。

故事启迪

张飞死于非命，从其性格上讲，也有必然的因素。他暴而无恩，"爱敬君子而不恤小人"。刘备曾多次劝诫他："卿刑杀过分，又常常鞭挞健儿，而且还令他们在自己的左右，此取祸之道，当改之。"张飞不以为意，结果因鞭笞部将，激起怨恨，而被杀害。

成长讨论群

这个包子太好吃了，我要再吃两个。

别吃了，佐佐，你都已经吃了四个了。

是啊，别因为嘴馋把肚子吃坏了，到时候得不偿失。

哎呀，我肚子好胀好疼啊！

都说了让你少吃一点儿，你不听，这下贪多嚼不烂了吧。我们带你去看校医。

不仅要勿饮过量之酒，也不要吃过量的饭啊！

实用小贴士

如何避免胃胀：1.充分咀嚼食物，慢慢吃和喝。2.避免食用苏打水和其他碳酸饮料。3.避免使用人造甜味剂。4.多锻炼，比如饭后散步。

一个好汉三个帮

一个成功的人要有三个人来帮助，引申是一个人的力量是有限的，但是众人拾柴火焰高。一个人的能力是很单薄的，但是如果有大家的帮忙就能把事情办得更好。

今文品读

一个坚强勇敢的好汉，需要有人帮助他才能把事情办成办好。它的意思是说一个人的力量再大也毕竟有限，必须有人帮助他才能取得成功，即众人拾柴才能火焰高的道理。仅凭个人单枪匹马"闯天下"，并不能称为好汉，因为一个人的能力是很单薄的，只有善于获取别人的帮助而能有所作为的人，才是真正的好汉。所以，我们必须团结一致。

东汉末年，汉灵帝腐败无能，爆发了黄巾起义。起义军逼近幽州，幽州太守刘焉发榜招兵买马。

榜文行到涿县，刘备进城看见榜文，慨然长叹。张飞听后大喝道："大丈夫不为国家出力，为何叹气？"两人一聊，意气相投，都想为国家效力，便相约酒店说话。他们正谈得高兴，关羽推着一辆车在店门口停下，刘备见他器宇不凡，便邀他同桌饮酒。仨人心志相投，酒后一起到张飞的庄上去商谈大事。

第二天，在庄后桃园里，仨人跪地焚香盟誓，结为异姓兄弟，仨人一叙年资，刘备年长为大哥，关羽居次为二哥，张飞次之为三弟。

故事启迪

刘备也是有张飞、关羽的相助，最后才能成就一番事业。一个人的力量是有限的，我们应该像刘备一样去寻找志向相同的朋友来一起努力，这样才能成就一番事业。

成长讨论群

要换位置了，但是我的书太多了，实在搬不动。

来，我和皮皮帮你搬。

这就叫一个好汉三个帮。

等等，要请"好汉"们喝饮料哦。

谢谢你们，要没有你们我不知道要搬到什么时候去了。

不客气，你平时也帮了我们很多事情。

实用小贴士

如何交到好朋友？1.坦诚相待。2.好朋友不是一朝一夕就能结交的，是多年的友谊不断积累而成的。朋友之间直言相对，往往忠言逆耳，甚至有时候也会有些小摩擦，要相互理解，多多包容。3.作为好朋友，要学会聆听。学会关心对方，这样的友谊才会深厚。

羊有跪乳之恩，鸦有反哺之义

【注释】

跪乳：跪着吃奶，喻指孝义，表示感恩之心。

反哺：雏鸟长大后，衔食喂母鸟，比喻子女长大奉养父母。

【译文】

羊羔有跪下接受母乳的感恩举动，小乌鸦有衔食喂母鸦的情义。

今文品读

"羊有跪乳之恩，鸦有反哺之义。"此句体现了生命之间的互助与感恩。无论是人类还是动物，都应该珍视亲情、友情以及彼此之间的帮助与关怀。

晋朝时有一个琅琊（láng yá）人叫王祥，早年丧母，继母朱氏不爱护他，常在其父面前数说他的不是。王祥因而失去了父亲的疼爱。父亲总是让他干些打扫牛棚之类的脏活、累活。

后来父母生病了，王祥没有计较以前的是非，忙着照顾父母，一直没有去休息，连衣带都没有解开过。

一年冬天，继母朱氏生病后想吃鲤鱼，但因天气寒冷河水上冻，无法捕鱼，王祥便脱去衣服赤身卧于冰上，忽然间冰层裂开，从裂缝处跳出两条鲤鱼，王祥赶紧捉住鲤鱼回家供奉继母。继母又想吃烤黄雀，王祥就支上捕鸟的网捉黄雀，很快就有数十只黄雀飞进他的网中，他旋即捉来供奉继母。

日子就这样一天天过去了，继母年龄越来越大，王祥更加孝敬继母。他常常对弟弟说："母亲身体越来越不好了，咱们要尽量让她高兴，替她分忧啊！"在王祥的影响下，弟弟王览也成长为一个孝悌（tì）之人。

故事启迪

卧冰求鲤是古代二十四孝当中的一个故事，其中不乏神话的色彩。对于对自己并不慈爱的继母，王祥尚且如此努力地满足她的需要，由此可以看出，在中国传统当中，孝是无条件的。孝不是交易，不是交换。百善孝为先，孝顺长辈是中华民族的传统美德。

成长讨论群

昨天是母亲节，我送了妈妈一束康乃馨。

我把家里的地都打扫干净了。

我昨天打了热水给妈妈洗脚。

羊有跪乳之恩，鸦有反哺之义，孝顺是我们的传统美德，这可不能忘啊。

不仅是在母亲节，我们在平时也应该孝顺父母，不要让他们难过。

你说得对，我们要从每天的小事做起。

实用小贴士

如何孝顺父母：1.要多倾听父母的心声，多和父母说说心里话。2.尊重父母做出的决定，并且要以积极的态度去实现它们。3.与父母建立良好的沟通。沟通是一种重要的交流方式，可以帮助我们更好地了解父母的想法和感受，增进彼此之间的理解和信任。

有志不在年高，无志空长百岁

【注释】

有志：有志向，有志气。

年高：年纪大。

【译文】

只要有远大志向，就算年纪小也没关系，一个没有远大志向的人，即便活到很大的岁数也是虚度光阴。

今文品读

只要有志向，成就不可限量，不在乎年纪大小；也指只要有志向，岁数大了，也可以干出一番事业。我们要在年轻的时候明确将来的目标，并为此努力。

苏洵的两个哥哥都十分喜爱读书，苏洵却不像两位哥哥一样那么爱读书。他天生聪明，辩智过人，但少年时代的他却不爱读书。在苏洵12岁时，苏序专门请了先生来教三个儿子。每当先生讲课，苏澹、苏涣正襟危坐，专心听讲，唯有苏洵对先生所讲授的声律、平仄押韵等作文之道不感兴趣，甚至干脆跑出课堂到郊外去游山玩水。

等到27岁时，苏洵才幡然醒悟，下定决心刻苦读书。在人均寿命50岁的古代，这时候的苏洵已经是一个"大龄"考生了。虽然苏洵刻苦读书，但苏洵的科举之路却异常坎坷。苦读一年多之后，苏洵第二次考进士科（第一次是18岁那年参加乡试落榜），不中。之后，他又去参加茂才异等考试，又没有考中。37岁这年，苏洵放弃了科举，他烧掉了之前所有的书籍，重新闭门读书长达七八年。他潜心研究了儒家的六经和百家学说，考证古今太平与动乱、成功与失败的变迁。从此，苏洵文思敏捷，顷刻之间下笔千言，文章纵横驰骋，思路开合自如，必定达到深入细微的地方才停下来。

最终他和他的两个儿子苏轼、苏辙都一同位列于"唐宋八大家"，这在中国文化史上也是一段佳话。

故事启迪

苏洵27岁才醒悟，尚且为时不晚。有没有志向和年龄无关，主要在于你有没有前进的方向，以及自己是否在为实现自己的目标而努力。

成长讨论群

今天的作文《我的志向》，你们都写的什么啊？

我说我将来要当机长，开飞机多威风啊。

我写的是将来要去做医生，去帮助更多的人。

但是我们现在想那么遥远的事情有用吗？我们离长大还远呢。

有志不在年高，无志空长百岁，就是因为还小，所以可以向着自己的理想志向去努力啊。

那我要现在就开始看医学的书吗？

实用小贴士

确定长期目标，本质上就是给我们的未来确立方向和标杆。这样我们去学习、思考、实践等的时候就会非常明确，就像跑步一样，知道终点在哪里，或者知道自己要跑多少千米后，每当离终点越近一点的时候就会感到非常高兴。

纸上得来终觉浅，绝知此事要躬行

【注释】

纸：书本。

终：到底，毕竟。

绝知：深入、透彻地理解。

【译文】

从书本上得来的知识毕竟不够完善，要透彻地认识学习知识这件事还必须亲自实践。

今文品读

诗人强调了做学问亲自实践的重要性。一是学习过程中要"躬行"，力求做到"口到、手到、心到"。二是获取知识后还要"躬行"，通过亲身实践化为己有，转为己用。

抗战前，丰子恺先生画过一幅《牵羊图》。图上一个人牵着几只羊，每只羊脖子上都系着一根绳子。画毕挂在墙上。不久被一位农民朋友看到，笑说："牵羊只需系住头羊，其余的自然会跟上来。"丰子恺先生一听，恍然大悟，便又重画了一张。

故事启迪

这个故事赞扬了丰子恺刻苦学习的精神，并且说明了实践出真知的道理。直接经验和间接经验是人们获取知识的两种主要途径。

漫画历史堂

155

成长讨论群

今天看了伽利略的事迹，你说两个不一样重的铁球真的会同时落地吗？

我也不确定，不过书上说的应该不会错吧。

纸上得来终觉浅，绝知此事要躬行。不如我们来试一试。

我们就站在桌子上用橡皮和铅笔吧。

果然，要想知道事情具体是什么样子的，还是自己亲手做一个小实验理解得更快一点。

实用小贴士

纸上得来的知识终究没有自己验证过，不知道对错。如果你敢于质疑权威，善于突破流俗限制，甚至创造出一个更符合自己理想的环境，你就会变得越来越强大！有些事情不自己做一做，是得不出答案的。

己所不欲，勿施于人

【注释】

施：加，施加。

【译文】

指自己不愿意的，不要施加给别人。

今文品读

"己所不欲，勿施于人"，不仅是儒家思想的精华，也是中华民族千百年来所遵循的为人处世之道。其实质是推己及人，设身处地地为他人着想，也就是所谓的"将心比心""换位思考"。

　　孙叔敖幼年的时候，出去游玩，看见一条两头蛇，就把它杀死后埋了起来。他哭着跑回了家，他的母亲问他哭泣的原因，孙叔敖回答道："我听说看见长两个头的蛇的人必死，我刚刚就见到了两头蛇，恐怕要永远离开母亲了。"他母亲问："蛇现在在哪里？"孙叔敖说："我担心别人又看见它，就把它杀掉埋起来了。"他母亲对他说："没事的，我听说积有阴德的人，上天会降福于他的。"

故事启迪

　　一个有"忠恕"思想的人，会推己及人，从己心出发，为他人着想，表现出宽厚仁慈的品德，因此"己所不欲，勿施于人"被圣人视为做人的基本行为准则。孙叔敖年幼的时候就能站在他人的角度思考问题，值得我们学习。

成长讨论群

佐佐，怎么今天又是你擦黑板啊？

己所不欲，勿施于人嘛，大家都不喜欢擦，这件事只能让我来了。

但是也不能一直都是你啊，我们去给老师做一个值日表，大家轮着来。

对啊，班里这么多人，一人一天，这样一个多月每人只需要擦一次黑板。

虽然己所不欲勿施于人，但是也不能一味的退让，把什么事情都自己来做。

实用小贴士

在日常生活中，"己所不欲，勿施于人"是维护社会公德、促进社会和谐的准则。人们应该从自己的所欲所想出发，推及他人。如果不愿被人背后非议，那么也就不要背后非议他人；如果不愿被人欺骗，那也就不要欺骗他人。

凉伞虽破，骨格尚在

【译文】

凉伞虽然破了，但是支撑伞的铁制或竹制的骨架还在。

今文品读

人虽穷困或处逆境，但不丢骨气，依然保持着自己的品格。风骨是我们的精神支柱，它让我们在困境中不屈不挠，在诱惑面前坚守底线。 拥有风骨的人，有自己的原则和坚持，不会随波逐流。

陶渊明为了养家糊口，来到离家乡不远的彭泽当县令。在那年冬天，郡里的太守派出一名督邮（督邮，品位很低，却有些权势，在太守面前说话好坏就凭他那张嘴）到彭泽县来督察。这次派来的督邮，是个粗俗而又傲慢的人。他一到彭泽的旅舍，就差县吏去叫县令来见他。

陶渊明平时蔑视功名富贵，不肯趋炎附势，对这种假借上司名义发号施令的人很瞧不起，但也不得不去见一见，于是他准备动身去迎接。

不料县吏拦住陶渊明说："大人，参见督邮要穿官服，并且束上大带，不然有失体统，督邮要乘机大做文章，会对大人不利的。"

这一下，陶渊明再也忍不下去了。他长叹一声，道："我不能为五斗米向乡里小人折腰！"说罢，索性取出官印，把它封好，并且马上写了一封辞职信，随即离开了只当了八十多天县令的彭泽。

故事启迪

陶渊明虽然生活贫困，但依然没有丢掉自己的骨气和品格，不愿意为五斗米折腰，最终辞官不做，归隐田园。这种气节值得我们学习。

成长讨论群

气死我了，他们真可恶。

怎么了佐佐？怎么生那么大气。

今天我和佐佐去球场踢球，结果球场一直被高年级的霸占着，说我们要给他们买水才能踢球。

这不是欺负人嘛，我也不去那儿踢球了，想让我给他们买水，想得美。

这不只是踢球的问题了，明显就是高年级的欺负人。走，我带你们去跟体育老师说，让他来解决。

实用小贴士

面对不公平事件时，首先，要保持冷静和理智，不要被恐惧和愤怒冲昏头脑。其次，要学会用言语和行动表达自己的立场和观点，让霸凌者认识到自己的错误。如果情况严重，要及时向老师、家长或校方求助，寻求他们的帮助和支持。

若要人不知，除非己莫为

为：做。

【译文】

要想别人不知道自己做的事情，除非自己不去做。

今文品读

当人们说谎时，良知是清醒的；即使我们逃脱了法律的制裁，但无法逃避内心的谴责。即使我们的行为看似完美无缺，但良知仍会让我们感到一丝不安。

165

东汉时期，杨震在担任荆州刺史时，发现了王密的才华过人，便向朝廷推荐他担任昌邑县令。随后，杨震调任东莱太守，途经王密任县令的昌邑（今山东金乡县境）时，王密亲自前往郊外迎接他的恩师。

当晚，王密前去拜访杨震，两人聊得十分愉快，不知不觉已经到了深夜。准备告辞时，王密突然从怀中取出一块黄金放在桌上，说道："我难得来访，准备了这份小礼以表达栽培之恩。"杨震说："当初我之所以提拔你，正是因为我看重你的才华和学识，希望你成为廉洁奉公的好官。你这样做，是否有违我对你的期望？最好的回报是为国家效力，而不是送我个人礼物。"然而，王密坚持道："夜深人静，无人知晓，请您收下吧！"杨震变得严肃起来，声音严厉地说："不仅天地皆知，还有我知你知，你怎么能说无人知呢？"王密感到愧疚，默默离开。

杨震一生清廉自守，毫不接受私人贿赂。他的后代与普通百姓一样朴素，饮食简单，出行徒步，绝不因杨震曾在官场担任高职而骄奢。

故事启迪

"君子爱财，取之有道。"绝不能让金钱成为我们的主宰，也不能将金钱看得高于一切。杨震将自己的名节、道德、品质、理想和情操视为最重要的追求，甚至在没有人知晓的情况下拒绝下属的礼物。他高尚的品行至今仍被人传颂。

杨 府

大人，开门啊，我来看你了。

你难道不知道我的为人吗？钱我不会收的。

这几年多谢大人提拔。

天知地知，你知我知，怎么会没人知道呢？

没有人知道的。

成长讨论群

昨天我考试有个错题，老师居然没有发现。

这种情况难免会有的。

那你不是赚到了，这次考试可是会把名次贴在校报栏的，你应该会多几名吧。

我开始也这么想的，反正也没人发现，自己改过来就好了，后来心里过意不去。我准备告诉老师，看老师怎么说。

若要人不知，除非己莫为，主动去找老师才能挣脱良心的谴责。你做的很对。

这件事我应该向你学习。

实用小贴士

一般来说，能够当面承认自己的错误的人更真诚，也更容易获得他人的理解。但是如果自己没有那么勇敢，也有一些小方法。1.用写信，写小纸条的方式道歉，得知对方的态度后再见面道歉。2.可以委托双方共同的朋友来表达自己的歉意。